FOLHA DE LÓTUS,
ESCORREGADOR DE MOSQUITO

FERNANDO REINACH

# Folha de lótus, escorregador de mosquito

*E outras 96 crônicas sobre o comportamento dos seres vivos*

*1ª reimpressão*

Copyright © 2018 by Fernando Reinach

*Grafia atualizada segundo o Acordo Ortográfico da Língua Portuguesa de 1990, que entrou em vigor no Brasil em 2009.*

*Capa*
Kiko Farkas e Gabriela Gennari/ Máquina Estúdio

*Ilustrações de capa*
Abelha: Biodiversity Heritage Library. Digitalizada por Smithsonian Libraries./ Elefante: Biodiversity Heritage Library. Digitalizada por ncsu Libraries (archive.org)./ Folha de lótus: Verlena Van Adel/ Shutterstock.

Sapo: Biodiversity Heritage Library. Digitalizada por Smithsonian Libraries.

Cacto: *Brockhaus' Konversations-Lexikon*. Leipzig: Brockhaus, 1892. Digitalizada pelo Internet Archive com subsídio da Universidade de Toronto./ Flor: *Descriptions and Illustrations of Plants of the Cactus Family*. The Carnegie Institution of Washington, 1919. Digitalizada pelo Carnegie Legacy Project./ Peixe: Biodiversity Heritage Library. Digitalizada pela Universidade Harvard, Museu de Zoologia Comparada, Ernst Mayr Library.

*Preparação*
Andressa Bezerra Corrêa

*Índice remissivo*
Luciano Marchiori

*Revisão*
Ana Maria Barbosa
Marise Leal

Dados Internacionais de Catalogação na Publicação (cip)
(Câmara Brasileira do Livro, sp, Brasil)

Reinach, Fernando
 Folha de lótus, escorregador de mosquito : e outras 96 crônicas sobre o comportamento dos seres vivos / Fernando Reinach. — 1ª ed. — São Paulo : Companhia das Letras, 2018.

 isbn 978-85-359-3063-4

 1. Ciências biológicas 2. Crônicas brasileiras 3. Seres vivos i. Título.

17-11972 CDD-869.8

Índice para catálogo sistemático:
1. Crônicas : Literatura brasileira 869.8

[2018]
Todos os direitos desta edição reservados à
EDITORA SCHWARCZ S.A.
Rua Bandeira Paulista, 702, cj. 32
04532-002 — São Paulo — sp
Telefone: (11) 3707-3500
www.companhiadasletras.com.br
www.blogdacompanhia.com.br
facebook.com/companhiadasletras
instagram.com/companhiadasletras
twitter.com/cialetras

*Para André, Sofia e Klaus*

# Sumário

*Introdução*............................................. 11

I. PLANTAS E FLORESTAS

1. As árvores vivem perigosamente...................... 15
2. As florestas dependem dos pássaros................... 19
3. As florestas ficaram mais frágeis..................... 22
4. O tucano e o palmito................................ 25
5. Planta manipula besouro............................. 28
6. Folha de lótus, escorregador de mosquito.............. 31

II. INSETOS

1. A taturana e a parede................................ 37
2. Gotas de orvalho em teias de aranha................... 41
3. Teia de aranha não é cabelo nem macarrão............. 44
4. Rabo de aranha..................................... 47
5. A visão 3-D das aranhas............................. 51
6. O rádio e o sexto sentido das baratas.................. 55
7. Bússola de borboleta................................ 58

8. O radar das seringas voadoras . . . . . . . . . . . . . . . . . . . . . . . . 61
9. A metralhadora dos *Brachinini* . . . . . . . . . . . . . . . . . . . . . . . 64
10. A arma imperialista dos musgos . . . . . . . . . . . . . . . . . . . . . 67
11. Uma sociedade onde os idosos explodem . . . . . . . . . . . . . 70
12. Como as moscas afogam suas mágoas . . . . . . . . . . . . . . . . 73
13. Uma lagarta que manipula o envelhecimento das folhas. . . . . . . . . . . . . . . . . . . . . . . . . . . . . . . . . . . . . . . . . . . 76
14. Um vírus capaz de provocar o suicídio. . . . . . . . . . . . . . . . . 79
15. Plantas conversam com insetos . . . . . . . . . . . . . . . . . . . . . . 82
16. Troca de favores entre pulgões, bactérias e vírus . . . . . . . . 85

III. OUTROS BICHOS

1. A beleza acústica das flores. . . . . . . . . . . . . . . . . . . . . . . . . . 91
2. Como os morcegos ouvem uma fruta. . . . . . . . . . . . . . . . . 94
3. Temos vagas para morcego. . . . . . . . . . . . . . . . . . . . . . . . . . 97
4. Como o gato bebe água . . . . . . . . . . . . . . . . . . . . . . . . . . . . 100
5. As curvas de um guepardo . . . . . . . . . . . . . . . . . . . . . . . . . 103
6. Um rato que troca a pele pela vida . . . . . . . . . . . . . . . . . . 106
7. Camaleão que late não morde . . . . . . . . . . . . . . . . . . . . . . 110
8. Seis meses dormindo. . . . . . . . . . . . . . . . . . . . . . . . . . . . . . 114
9. Sapos alpinistas. . . . . . . . . . . . . . . . . . . . . . . . . . . . . . . . . . . 117
10. O coaxar arriscado dos sapos . . . . . . . . . . . . . . . . . . . . . . 120
11. O chifre que envenena. . . . . . . . . . . . . . . . . . . . . . . . . . . . 123
12. Quando amar é armar . . . . . . . . . . . . . . . . . . . . . . . . . . . . 126
13. Elefantes: liderança hereditária . . . . . . . . . . . . . . . . . . . . 129
14. O que fazem as orcas após a menopausa . . . . . . . . . . . . 132
15. Vovó baleia cuida dos netos . . . . . . . . . . . . . . . . . . . . . . . 135

IV. PÁSSAROS E MACACOS

1. O animal que inventou a gaveta . . . . . . . . . . . . . . . . . . . . 141
2. Difusão da inovação em aves . . . . . . . . . . . . . . . . . . . . . . 144
3. Ruído eletromagnético desorienta pássaros . . . . . . . . . . 147
4. Janelas matam bilhões de pássaros . . . . . . . . . . . . . . . . . 150

5. O surgimento da cultura do canto.................153
6. "Olha o rapa!"....................................156
7. O beijo do beija-flor.............................159
8. Macacos no espelho...............................162
9. Chimpanzés são capazes de confiar................165
10. Macacos têm aversão à injustiça.................168
11. Chimpanzés podem jogar futebol?.................171
12. Não é fácil ser nosso primo.....................175

V. HOMO SAPIENS

1. Nós somos aquela ovelha..........................181
2. O coelho, a vaca, um filósofo e Darwin...........184
3. Inveja do ganso..................................188
4. De costas para o futuro..........................191
5. Quando as crianças olhavam para a frente.........195
6. A raiz de nossa curiosidade......................198
7. Neotenia e educação infantil.....................201
8. Felicidade traz dinheiro?........................204
9. Paleontologia da solidariedade...................207
10. Aversão à desigualdade..........................211
11. A generosidade é espontânea, o egoísmo não......215
12. Nossa honestidade intrínseca....................219
13. Como o hábito faz o monge.......................222
14. O poder da fofoca...............................225
15. Para que servem as lágrimas femininas...........228
16. O comprimento dos dedos e do pênis..............232
17. A sabedoria dos extraterrestres.................236

VI. MENTE

1. Na mente do outro................................241
2. Atenas e a pasta de dente........................244
3. Como se formam as memórias.......................248
4. Como as memórias se tornam permanentes...........252

5. Como remover memórias de nosso cérebro ............ 256
6. Como apagar memórias sem deixar traços ............ 259
7. Como criar uma memória falsa ..................... 262
8. Manipulando a memória ........................... 265
9. Por que esquecemos a primeira mamada .............. 269
10. Acostumado pela imaginação ...................... 272
11. O que são aparições e fantasmas ................... 276
12. A leitura de mentes .............................. 280
13. Lendo sonhos em tempo real ...................... 283
14. A responsabilidade pesa um quilo e setecentos gramas .............................................. 286
15. Como o cérebro constrói a fala .................... 289
16. A leitura e o reconhecimento de faces .............. 292
17. A doce ilusão da vontade consciente. ............... 295
18. A liberdade de decidir ............................ 299

## VII. SEXO

1. Quando um rato deseja um gato .................... 305
2. Sexo e canibalismo ................................ 308
3. Amor é sexo com suicídio .......................... 311
4. A competição entre fêmeas e a origem da fofoca ....... 314
5. A vida sexual dos grilos ingleses ................... 318
6. Competição entre machos no interior das fêmeas ...... 321
7. Sexo em altas temperaturas ........................ 324
8. Hoje cortejada, amanhã cortejadora ................. 327
9. Figueiras, vespas e sexo à distância ................ 330
10. Um benefício da fidelidade conjugal. .............. 333
11. Camundongos marcam encontros amorosos ......... 336
12. A guerra entre os sexos e a origem dos líderes ....... 340
13. O sexo e a organização da sociedade. .............. 343

*Índice remissivo* ................................... 347

# Introdução

Nossos ancestrais já observavam os seres vivos ao seu redor. Impossível saber o que pensavam, mas conjecturas sobre como matar e comer, ou então fugir e sobreviver, já deviam habitar suas mentes, como sem dúvida ocupam a mente de um macaco moderno. E essas conjecturas, por mais simples, envolviam pensamentos e decisões baseadas nesses comportamentos. Afinal, fora a água, tudo o que ingeriam era ser vivo; e fora os desastres naturais, todas as ameaças à sobrevivência vinham de seres vivos. Indivíduos incapazes de agir com base na observação foram devorados ou morreram de fome, e os sobreviventes deram origem a você, a mim e a qualquer *Homo sapiens*. É por esse motivo que somos exímios observadores, capazes de memorizar, catalogar e interpretar o comportamento de outros seres vivos.

O universo dos seres vivos sempre teve um papel central nas nossas culturas. As primeiras explicações para os fenômenos naturais invocam imagens de seres vivos, reais ou imaginários. Crenças religiosas, mitos de criação e conjecturas sobre o destino depois da morte são habitados por seres vivos que se comportam de diferentes maneiras.

A ciência moderna é produto dos descendentes desses hominídeos que vagavam pelas planícies africanas milhões de anos atrás. Talvez por isso cientistas não se cansem de descrever e se maravilhar com o comportamento dos seres vivos. E essa fascinação transparece não só no número de trabalhos científicos que descrevem e interpretam esse comportamento, mas também na admiração, muito bem disfarçada, que aparece nos textos científicos atuais.

Toda semana, procuro nas revistas científicas algo para relatar nas colunas que publico no jornal *O Estado de S. Paulo* — e, como descendente desses símios primitivos, acabo sendo atraído, até inconscientemente, por trabalhos científicos que descrevem o comportamento de seres vivos. Distante do contato direto com a natureza, satisfaço meu instinto primitivo substituindo a observação direta pela leitura das observações feitas pela comunidade científica.

Esta compilação de crônicas — que pode ser lida de cabo a rabo, salteado ou de forma aleatória — reflete o que chamou a minha atenção. São descrições de diversos comportamentos que nossa espécie observou nos seres vivos, em si própria e até mesmo em sua mente. Aproveite!

# I. PLANTAS E FLORESTAS

# 1. As árvores vivem perigosamente

Tomar suco com canudinho tem mais a ver com o risco de desaparecimento das florestas do que se imagina. Com o aquecimento global, a distribuição e a quantidade de chuvas estão mudando. Chove menos nas florestas e de maneira menos regular. Um estudo feito em florestas localizadas em 81 locais, distribuídos por todo o planeta, demonstrou que as árvores não estão preparadas para suportar essa mudança.

Quando tomamos suco com um canudinho, chupamos o líquido que sobe pelo tubo e acaba caindo na nossa boca. O que as bochechas fazem é provocar uma pressão negativa (menor que a pressão atmosférica) no interior do canudo, o que causa a subida do líquido. As árvores usam um processo parecido para levar água do solo até a copa. Milhares de minúsculos canudos, chamados dutos do xilema, transportam água e nutrientes tronco acima. Esses pequenos dutos podem ser observados em qualquer pedaço de madeira: são os veios que correm ao longo do comprimento do tronco. Nas plantas, o papel da bochecha — de criar a pressão negativa que faz a água subir — é exercido pelas folhas, onde os dutos do xilema se ramificam e terminam. No interior das folhas, a água evapora, e esse processo de evaporação cria a pressão negativa que chupa a água das raízes até a copa das árvores. Para economizar caso falte água, as folhas podem fechar as aberturas microscópicas que existem em sua superfície (chamados estômatos), diminuindo a evaporação. Quando a água é abundante, elas abrem os estômatos; assim, sugam mais e transportam mais nutrientes, o que permite que a fotossíntese funcione a toda velocidade.

O problema é quando entra ar no canudo. Se você ainda não viveu a experiência de tomar suco com um canudo furado, vale a pena tentar. O ar que entra pelo furo desfaz a coluna de líquido dentro do tubo, destruindo a pressão negativa. Você chupa muito, mas pouco suco chega na boca — exatamente o que acontece com as árvores quando falta água por muito tempo. As folhas com sede criam uma pressão negativa enorme, formando bolhas de ar nos dutos do xilema e paralisando o transporte de água (é a chamada embolia do xilema). Se esse processo ocorre em poucos dutos, a árvore se recupera; mas, se mais da metade dos dutos sofre embolia, a árvore seca e pode morrer.

Ao longo dos últimos anos, os cientistas vêm medindo a pressão negativa máxima no interior dos dutos do xilema em centenas de tipos de árvore. Como era de esperar, nos climas em que existe pouca água no solo, como nas plantações de oliveiras na Espanha, as árvores estão adaptadas para manter uma pressão negativa muito grande, de modo que extraiam a pouca água existente na terra. Já nas florestas tropicais as árvores sobrevivem com uma pressão muito mais baixa, pois a água é abundante. A pressão com que uma árvore opera no seu cotidiano é uma característica da espécie.

Mais recentemente, outro tipo de medida também tem sido utilizado. É a medida da pressão negativa em que 50% dos dutos do xilema de uma árvore se enchem de ar. Esse é o ponto a partir do qual a possibilidade de recuperação da árvore é muito pequena.

Para isso, é necessário manter o solo seco e ir medindo o aumento da pressão no interior do xilema, à medida que as folhas vão ficando desesperadas por água. Se a pressão aumenta muito, começa a ocorrer o acúmulo de ar nos "canudinhos" do xilema. Quando 50% deles estão com ar, a pressão é registrada. Essa é a pressão em que ocorre a embolia irreversível dos dutos do xilema, também uma característica de cada espécie de árvore.

Agora os cientistas compilaram os dados de 226 espécies, localizadas em 81 regiões, espalhadas por todos os ecossistemas do planeta. Foi comparada a pressão negativa em que cada árvore opera no seu cotidiano e a pressão negativa máxima suportada pela árvore — aquela em que 50% do sistema colapsa (embolia irreversível).

Quando esses dados foram analisados, o resultado deixou os cientistas impressionados e assustados.

O estudo demonstra que, em praticamente todas as espécies de árvores — independentemente de seu habitat, seja na floresta amazônica, seja nos semidesertos —, a pressão que as árvores usam para obter água nas condições normais é muito próxima da pressão em que elas sofrem embolia irreversível. Em outras palavras, as árvores de todas as florestas operam sempre muito perto do limite tolerado por espécie. Isso quer dizer que mesmo uma árvore localizada na Amazônia, onde chove muito e a terra está sempre úmida, vive no limite de sua capacidade de capturar água. Se a quantidade de água reduzir um pouco, ela corre o risco de embolia irreversível. E o mesmo acontece com uma árvore do cerrado: ela opera com uma pressão mais alta, mas também próxima ao limite da embolia.

Esse resultado inesperado assustou os cientistas, pois demonstra de maneira cabal que as florestas de todo o globo são

17

extremamente suscetíveis a pequenas diminuições da água disponível. Basta que o aquecimento global diminua um pouco a quantidade de água no solo para que as árvores de todos os ecossistemas possam entrar em colapso, vítimas de embolia em seu xilema. O resultado também explica por que em diferentes regiões do planeta, onde o aquecimento global já reduziu a quantidade de chuvas, muitas florestas estão morrendo rapidamente.

A conclusão é que as árvores vivem perigosamente, próximas de seu limite de sobrevivência. Ao alterarmos o regime de chuvas, estamos pondo em risco todas as florestas. E, sem árvores, não haverá suco para ser tomado com canudinho.

*Mais informações em: "Global convergence in the vulnerability of forests to drought"*. Nature, *v. 491, p. 752, 2012.*

# 2. As florestas dependem dos pássaros

Darwin, admirado com as cores e o sabor das frutas tropicais, escreveu que as frutas não passam de iscas sofisticadas aperfeiçoadas ao longo de milhares de anos. Sua função é atrair pássaros, que, ao ingerir os frutos e evacuar as sementes, facilitam a dispersão das plantas ao redor do planeta. Agora foi descoberto um novo mecanismo que entrelaça o destino das árvores ao dos pássaros.

Na Tanzânia, as planícies do Serengueti são cortadas por rios em cujas margens estão as florestas. Nos últimos sessenta anos, 80% dessas florestas foram perdidas — fato que tem sido estudado cuidadosamente. Entre 1966 e 2006, a população de pássaros, a densidade de árvores, a quantidade de sementes produzida, sua taxa de germinação e a sobrevivência dos brotos foram monitoradas em dezoito blocos de áreas em diferentes estágios de degradação. O objetivo era compreender por que as florestas não regeneravam mesmo quando protegidas.

Os cientistas observaram que, quando a copa da floresta fica menos densa, o número de espécies de pássaros diminui bruscamente. As 33 espécies que habitam as matas densas se reduzem a dezoito nas florestas ralas. Grande parte dessa queda se deve ao desaparecimento dos pássaros que se alimentam de frutos.

Ao comparar as sementes coletadas no solo, os cientistas descobriram que nas florestas densas 70% das sementes estavam sem a parte da fruta que encobre a semente (o pericarpo), o que indica que essas sementes haviam sido ingeridas por pássaros; nas florestas ralas, devido à ausência de pássaros, somente 3% das sementes estavam sem o pericarpo — a maioria ainda estava no interior dos frutos. Com o objetivo de avaliar sua taxa de germinação e "pegamento" (capacidade de gerar uma planta de mais de cinco centímetros), as sementes coletadas em florestas de diferentes estágios de degradação foram semeadas. Foi observado que as sementes ainda recobertas pela parte externa da fruta não germinavam; no entanto, as "descascadas" pela ação dos pássaros germinavam facilmente. Quando foram investigar o que impedia a germinação de sementes envolvidas pelo pericarpo, os ecologistas descobriram que, ao cair no solo, as sementes com pericarpo eram rapidamente atacadas pelos besouros, o que resultava em sua morte. Sementes coletadas antes do ataque dos besouros, com ou sem pericarpo, tinham alta taxa de germinação.

A conclusão é que os pássaros, ao ingerir a fruta e se alimentar do pericarpo, tornam as sementes resistentes ao ataque dos besouros, o que garante a sobrevivência delas. Quando se inicia a degradação da floresta e a quantidade de pássaros diminui, grande parte das sementes cai ao solo antes de elas serem comidas pelos pássaros. Essas sementes são presas fáceis para os besouros, que as destroem — impedindo, assim, o aparecimento de uma nova árvore. Como resultado, a redução da quantidade de pássaros dispara um ciclo vicioso, no qual menos sementes viáveis são produzidas, causando uma reposição menor de árvores na floresta. Ou seja, a própria capacidade reprodutiva da floresta está intrinsecamente ligada à presença dos pássaros. Se os pássaros já dependiam das florestas, agora sabemos que as florestas também dependem dos pássaros.

*Mais informações em: "Serengeti birds maintain forests by inhibiting seed predators".* Science, *v. 325, p. 51, 2009.*

# 3. As florestas ficaram mais frágeis

Charles Robertson passou vinte anos, entre 1870 e 1890, estudando os insetos que polinizavam as flores de Carlinville, uma pequena cidade nos Estados Unidos. Para cada uma das plantas que estudou, Robertson identificou todas as espécies que visitavam suas flores. Descobriu que 109 espécies de insetos polinizavam 26 espécies de flores. Como cada espécie de inseto visita mais de uma espécie de planta, e cada flor é visitada por mais de um inseto, Robertson identificou um total de 532 pares de flores/insetos e produziu o mais antigo e completo mapa de interações entre as plantas e seus polinizadores.

Cento e vinte anos se passaram, Carlinville perdeu parte de sua mata para a agricultura. Em 2009, um grupo de cientistas voltou à cidade e repetiu o estudo de Robertson nas matas remanescentes. A comparação dos resultados de 1890 com os de 2009 é a única medida direta que dispomos do impacto da agricultura sobre a rede de interações que une plantas e polinizadores. Se você não gosta de más notícias, é bom parar por aqui.

Mais de 90% das plantas dependem de insetos para se reproduzir. Os insetos dependem do néctar, e as plantas dependem do transporte de pólen para produzir frutas e sementes. Nas grandes plantações essa rede é semelhante, mas muito mais simples. Os agricultores dependem de colônias de abelhas para garantir a produção de frutas, e os produtores de mel precisam alimentar suas abelhas com o néctar. A produção de frutas na Califórnia depende de 1,5 milhão de colmeias, que são transportadas todos os anos de diversos estados vizinhos para a região. As abelhas trabalham algumas semanas e voltam para casa. Esse aluguel de abelhas complementa a renda dos produtores de mel. No resto do mundo, não é diferente.

Nos últimos tempos, com o aparecimento de novas doenças e o uso inadequado de inseticidas, aumentou o número de abelhas que morrem a cada ano, dificultando a recuperação das colmeias. O resultado é uma crescente falta de abelhas. Não sabemos como resolver o problema: alguns inseticidas já foram banidos, mas tudo indica que essas medidas não serão suficientes. E, sem abelhas, podemos dar adeus às frutas.

No limite, a sobrevivência de parte de nossa agricultura pode depender de polinizadores presentes na natureza. Mas será que eles não foram dizimados no último século? A resposta está nos dados coletados em Carlinville.

Comparando os dados de 1890 com os de 2009, os cientistas observaram que somente 125 das 532 interações ainda estão presentes (24%). Mas, como 121 novas interações foram observadas no segundo estudo, o número atual é 246. Conclusão: nos últimos 120 anos, desapareceram 46% das interações entre insetos e plantas nas matas de Carlinville.

Das 407 interações que deixaram de existir, 45% são devidas ao desaparecimento de espécies de abelhas. Em 1890 havia 109 espécies; hoje são 54. Por outro lado, o número de plantas envolvidas nessas interações permaneceu constante. Outras interações desapareceram por causa das mudanças de sincronia entre insetos e plantas. Plantas que floresciam na mesma época em que os insetos eclodiam agora florescem mais tarde em razão das alterações climáticas. O fato é que a rede de polinização dessas florestas diminuiu — e muito. Se em 1890 cada espécie de planta podia contar com diversos polinizadores, agora conta com um número menor de opções, o que torna o ecossistema mais frágil e menos resistente a mudanças.

Nossos antepassados contavam com a ajuda de dezenas ou centenas de insetos para garantir a reprodução em seus pomares. A agricultura moderna conta com pouquíssimas espécies de abelhas. Um processo semelhante está ocorrendo nas florestas: à medida que sua biodiversidade é reduzida, as florestas estão perdendo polinizadores. Com a agricultura e as florestas tornando-se mais frágeis, o risco de um colapso aumenta. Aos poucos, estamos cavando nossa própria cova.

*Mais informações em: "Plant-pollinator interactions over 120 years: Loss of species, co-occurrence, and function". Science, v. 339, p. 1611, 2013.*

# 4. O tucano e o palmito

É fácil compreender que os pássaros dependem das florestas. Mas como as plantas se comportam quando os pássaros desaparecem? Cientistas brasileiros descobriram que a palmeira juçara (*Euterpe edulis*), produtora do palmito, está evoluindo para se adaptar ao desaparecimento dos tucanos e outros pássaros de bico grande.

A juçara produz frutos de aproximadamente um centímetro de diâmetro. A semente é recoberta por uma camada de polpa saborosa que atrai os pássaros. Devorada a fruta, somente a polpa é digerida pelos pássaros. A semente é expelida junto com as fezes, então germina no solo e produz uma nova palmeira. Isso permite que a juçara se espalhe pela floresta. A fruta que cai no pé da árvore que a produziu dificilmente germina; a palmeira depende dos pássaros para se espalhar.

Para estudar o que está acontecendo nos resquícios de mata atlântica, os cientistas estudaram 22 locais distintos: sete deles onde os tucanos e outros pássaros já haviam desaparecido ou seu número estava muito reduzido, além de quinze regiões onde a mata ainda está relativamente preservada. Os locais estudados vão desde o sul do Paraná, passando pelo litoral e interior de São Paulo, Minas Gerais, Rio de Janeiro e sul da Bahia. As juçaras foram localizadas nessas regiões, e suas sementes foram coletadas e medidas cuidadosamente. Para cada local, foi feito um gráfico que relacionava o tamanho da semente e sua frequência. O resultado mostra que, nas regiões mais preservadas, o tamanho das sementes varia de sete a catorze milímetros, sendo que a maioria das sementes mede entre dez e doze milímetros; nas regiões menos preservadas, as sementes também variam de sete a catorze milímetros, mas a maioria das sementes mede entre nove e onze milímetros.

Mas qual é a explicação para essas sementes menores? Os cientistas tentaram verificar se essa diferença poderia estar relacionada a características das regiões distintas. Tentaram correlacionar o tamanho das sementes com a qualidade do solo, a quantidade de chuva e a temperatura. Nenhum desses fatores explicava essa diferença. Somente a presença de pássaros de bico grande estava correlacionada ao tamanho maior das sementes. Onde os pássaros se ausentavam, as sementes eram menores; onde eles estavam presentes, elas eram maiores.

Em seguida, os cientistas estudaram o tamanho das sementes ingeridas por diversos desses pássaros em cativeiro. Eles observaram que os tucanos e seus parentes são capazes de ingerir sementes de até catorze milímetros, enquanto os pássaros de bico pequeno consomem sementes de até doze milímetros, mas em média preferem sementes de onze milímetros. Isso significa que sementes grandes não são ingeridas ou transportadas nos ambientes em que os pássaros de bico grande, como os tucanos, estão ausentes.

O que os cientistas acreditam é que a juçara, sob pressão de um novo ambiente onde não existem tucanos, está diminuindo o tamanho de suas sementes. Escrito assim, parece que a juçara "percebeu" que os tucanos desapareceram e, portanto, "decidiu" produzir sementes menores. Na verdade, o que está acontecendo é um processo de seleção natural. Nesse novo ambiente, as árvores que produzem sementes menores se reproduzem com mais eficiência, pois podem contar com os pássaros pequenos para dispersar suas sementes. As árvores que produzem sementes maiores não conseguem se reproduzir tão bem, pois os pássaros pequenos não são capazes de ingerir suas sementes e os tucanos estão ausentes. O resultado desse processo de seleção natural é que a juçara que se propaga nos ambientes sem tucanos acaba produzindo sementes menores. No limite, se todos os tucanos desaparecerem, só sobrarão as árvores com sementes menores. É a evolução ocorrendo em tempo real, bem debaixo de nosso nariz. Os cientistas estimaram que grande parte dessa transição evolutiva ocorre em aproximadamente cem anos.

É difícil prever o resultado desse processo evolutivo, posto em marcha pela atuação desastrada do *Homo sapiens*. O que se sabe é que sementes menores germinam com frequência reduzida e produzem árvores mais fracas. Também sabemos que aves menores têm um raio menor de dispersão de sementes. Se a falta de tucanos vai provocar o desaparecimento do palmito, só saberemos no futuro. E aí será tarde.

Este é um bom exemplo de como a interferência do ser humano provoca mudanças bruscas no equilíbrio ecológico e pode redirecionar as forças seletivas que impulsionam a evolução das espécies.

*Mais informações em: "Functional extinction of birds drives rapid evolutionary changes in seed size". Science, v. 340, p. 1086, 2013.*

# 5. Planta manipula besouro

A capacidade de manipular o comportamento do próximo faz parte de nosso repertório comportamental; quem assistiu a uma campanha eleitoral sabe. Não só induzimos outros seres humanos a proceder como desejamos, como também usamos os mesmos truques para manipular o comportamento de animais. A manipulação de outra espécie também é comum entre animais. Quem não conhece a história do chupim que coloca seus ovos no ninho de outro pássaro, induzindo o coitado a alimentar seus filhotes?

Agora foi descoberta uma nova e sofisticada forma de manipulação: uma planta induz um besouro a plantar suas sementes.

Você já deve ter ouvido falar de um besouro chamado, pelo Brasil afora, de rola-bosta. Ele forma pequenas bolas utilizando fezes de outros animais. Depois cava um buraco e rola a esfera para dentro dele. Tudo isso com o objetivo de obter um local úmido e nutritivo para depositar seus ovos. Os ovos eclodem e as larvas têm alimento garantido.

A nova descoberta foi feita na África do Sul. Um grupo de

cientistas tentava descobrir os animais que se alimentam das sementes de uma árvore chamada *Ceratocaryum argenteum*. Para tanto, deixaram as sementes no solo da floresta, próximas a uma câmera de filmagem ativada por um sensor de movimento. Ao analisarem os filmes, observaram que pequenos roedores se aproximavam das sementes e logo iam embora. Apesar de os filmes nunca mostrarem um mamífero devorando as sementes, elas desapareciam. Quem as estaria roubando sem ser detectado pelas câmeras? A primeira indicação veio de um filme em que, enquanto um roedor cheirava as sementes, um besouro aparecia empurrando uma delas.

Com base nessa primeira pista, os cientistas investigaram o local onde as sementes desapareciam. E foi assim que descobriram sementes enterradas a poucos palmos do local onde haviam sido deixadas. A atividade dos besouros nunca era registrada nos filmes, porque eles são muito pequenos para ativar os sensores programados para detectar ratos.

Os cientistas resolveram estudar o fenômeno e colocaram 195 sementes em 31 pontos diferentes da floresta. Vinte e quatro horas depois, 44% das sementes tinham sido removidas pelos besouros; dessas, 80% foram enterradas. Na maioria dos casos, havia apenas uma semente por buraco.

Examinando as sementes, os cientistas descobriram que elas eram extremamente parecidas com as pequenas bolotas de fezes deixadas na região por um roedor. E, mais que isso, elas cheiravam a fezes. Não satisfeitos com o diagnóstico feito pelo próprio nariz, os cientistas analisaram os componentes químicos presentes nas sementes. E descobriram compostos químicos responsáveis pelo cheiro típico de fezes.

Num primeiro momento, os cientistas imaginaram que os besouros estavam colocando seus ovos no interior das sementes, da mesma maneira que os colocavam dentro das bolotas de fezes.

Examinando as sementes enterradas, constataram que elas não continham ovos, pois os besouros são incapazes de perfurar a casca da semente e depositar seus ovos. Observaram também que as sementes enterradas germinavam mais rápido que as deixadas na superfície.

A conclusão é que os besouros enterram as sementes pensando se tratar de bolotas de fezes. E só descobrem o engano quando vão colocar os ovos e se deparam com uma casca dura, em vez da superfície macia das fezes. Ou seja, a planta — produzindo sementes com a forma e o cheiro de uma bolota de fezes — induz o besouro a enterrar as sementes, aumentando sua chance de sobrevivência. Já o besouro, ludibriado, trabalha de graça: gasta energia para enterrar as sementes e não consegue depositar seus ovos no interior delas.

Pense nisso da próxima vez que enterrar seu voto em uma urna.

*Mais informações em: "Faecal mimicry by seeds ensures dispersal by dung beetles".* Nature Plants, *v. 1, p. 1, 2015.*

# 6. Folha de lótus, escorregador de mosquito

"Como uma folha de lótus que não pode ser molhada, aquele que se liberou de seus desejos não pode ser maculado pelo mal." A capacidade de repelir a água e emergir limpo de águas turvas levou os indianos a eleger o lótus como um dos símbolos da pureza espiritual. A passagem acima, extraída do poema "Bhagavad Gita", descreve o fenômeno.

As gotas de água escorrem muito facilmente pelas folhas de lótus e sua superfície se apresenta sempre limpa e seca. Desde 1970 os cientistas se perguntam qual seria a causa desse fenômeno. Superfícies capazes de repelir a água têm muitas aplicações tecnológicas, tanto na construção de tubos como na de lentes e equipamentos ópticos. Em muitos instrumentos, a adesão de partículas e líquidos às superfícies é um problema constante.

Em 1990, examinando as folhas de lótus em um microscópio eletrônico, os cientistas descobriram seu segredo: a superfície dessas folhas é composta por micromontanhas e microcavidades. Quando uma gota cai sobre ela, a água não consegue remover o ar das microcavidades e, portanto, toca a folha somente nos picos das micromontanhas. Como a água interage com a folha apenas em poucos pontos, a gota mantém sua forma esférica, não se espalha, e corre sobre a folha livremente. Basta inclinar a folha um pouco para que as gotas corram para a borda e caiam no chão, deixando-a seca e limpa. Nos anos seguintes, o princípio da folha de lótus foi utilizado para construir materiais autolimpantes muito mais eficientes que o Teflon que reveste nossas panelas. Mas esses materiais, apesar de usados em muitas aplicações, têm seu uso limitado pela fragilidade. Basta um arranhão, um pouco de pressão ou de detergente na água, e a microtextura perde sua capacidade de repelir esse líquido.

Agora, novamente inspirados pela folha de uma planta, um grupo de cientistas desenvolveu protótipos de superfícies que repelem água e óleos, além de terem a capacidade de se regenerar.

A planta carnívora nepentes captura suas vítimas usando uma espécie de escorregador de inseto. Quando um inseto pousa na sua superfície, que é muito lisa, ele escorrega e acaba caindo em uma cavidade no centro da folha (que tem o formato de um funil). Nessa "boca", a planta acumula um líquido rico em enzimas, capaz de matar e digerir o pobre mosquito. Estudando a superfície das folhas de nepentes, os cientistas desvendaram o segredo desse escorregador hiperliso. A superfície da folha não é totalmente lisa, mas apresenta ranhuras e nanocavidades que são preenchidas por um líquido não volátil (que não evapora) produzido pela planta. Esse líquido repele tanto a água quanto as gorduras. O resultado é que gotas de água e gordura não aderem à superfície. Como as patas dos insetos são recobertas por uma finíssima camada de gordura, eles derrapam e acabam virando o almoço da planta.

Inspirados por essa descoberta, físicos e químicos produziram diversos materiais com propriedades semelhantes às das folhas de nepentes. Superfícies feitas de nanofibras de Teflon ou *polyfluoroalkyl silane* foram recobertas com líquidos não voláteis (Fluorinert ou Krytox) que não se misturam com água ou hidrocarbonetos. O resultado é uma superfície hiperlisa, na qual gotas de óleo ou água não aderem e escorrem rapidamente. O mais interessante é que, como as gotas interagem com uma camada muito fina de líquido, a superfície regenera facilmente. Se a riscamos, o microfilme líquido se redistribui regenerando a propriedade original. O mesmo ocorre quando se aplica pressão. Essa descoberta abre a possibilidade de, no futuro, podermos utilizar materiais quase impossíveis de sujar. Se eles vão aparecer no vidro de nossos celulares, nas lentes de nossas câmeras fotográficas, ou no fundo de nossas panelas, ainda é cedo para prever.

É interessante observar como a ciência pode partir de um poema indiano, passar por um escorregador de inseto e criar panelas impossíveis de sujar.

*Mais informações em: "Bioinspired self-repairing slippery surfaces with pressure-stable omniphobicity". Nature, v. 477, p. 443, 2011.*

## II. INSETOS

# 1. A taturana e a parede

Foi logo no primeiro dia que a taturana entrou no terraço. Espalhado em uma poltrona, tentando ler a coletânea completa dos contos de Ann Beattie, viu a futura borboleta se deslocar pelo piso de pedra mineira. Dois contos mais tarde, lá estava ela subindo pela parede de tijolos. Mais um conto e ela chegou junto aos caibros do telhado. Contos depois, estava junto ao piso; em seguida subiu novamente, desceu e subiu. Com a vista cansada, as pernas duras e as costas doendo, foi caminhar pelo jardim pensando não nos contos de Beattie, mas no sobe e desce da taturana. Como seria a mente de uma taturana? Por que esse constante subir e descer pela parede? Provavelmente ela imaginou que a parede era uma árvore e subiu para procurar alimento.

Melancólico, concluiu que a casa estava interferindo no ciclo natural das taturanas. Durante milhões de anos, os ancestrais daquela taturana viveram em um mundo em que todos os planos verticais eram caules e troncos de árvores. E no topo de cada uma dessas superfícies estavam as folhas de que necessitavam. Pobre taturana! Imaginar que uma parede de tijolo possui folhas no seu topo... Iria morrer de fome. Voltou para o terraço. Os contos de Beattie estavam lá, mas a taturana havia desaparecido.

Foi na segunda noite, enquanto lia "Greenwich Time" na mesma poltrona, que um enorme besouro entrou voando no terraço. Bateu na lâmpada e caiu de barriga para cima no piso de pedra mineira. Talvez o fato tivesse passado despercebido se seu filho não tivesse corrido para observar o inseto que recolhia as asas e agitava as pernas tentando se colocar de pé. Bastaram alguns segundos de observação para o menino concluir que os besouros são incapazes de se virar quando caem de costas e vir comunicar sua grande descoberta. Largou o livro e explicou que o besouro só fica imobilizado se cai em uma superfície lisa e plana como o piso do terraço. Para convencer o filho incrédulo, nada como um experimento. Capturado, o besouro foi levado para o gramado e colocado de ponta-cabeça. Rapidamente, agarrou uma folha e se virou. Enquanto o filho e um amigo repetiam o experimento, levando o besouro da grama para o terraço e testando diferentes superfícies, voltou à poltrona. O terraço em que gostava tanto de ler não só provocava a morte de taturanas, mas também podia enlouquecer besouros. Selecionados durante milênios para se virar em qualquer ambiente natural, estavam condenados à morte se caíssem de costas nos pisos construídos pelo homem. Não bastavam as paredes, os pisos também eram culpados.

Foi no quinto e último dia que as superfícies verticais voltaram a interromper a leitura dos contos. Logo de manhã, os meninos chegaram no terraço com as mãos em concha abrigando um passarinho desacordado. "Ele veio voando e bateu na janela de vidro." Com o pássaro sobre a mesa, ponderaram se ele iria sobreviver. Ainda respirava, mas os olhos estavam fechados. Conformado, explicou para os meninos que no mundo em que os pássaros surgiram não existiam grandes painéis de vidro transparentes, invenção recente do *Homo sapiens*. Suspirou. Era demais:

o vidro que permitia que olhasse as jabuticabeiras estava matando passarinhos. Protegido dos cachorros por uma tela de cobrir bolos e sob a observação dos meninos, alguns contos depois, o pássaro acordou do trauma, ficou de pé e saiu voando.

No final da tarde, quando achava que terminaria o livro, um grande lagarto, perseguido pelos cachorros, pulou na piscina. A leitura interrompida pelo tormento das superfícies verticais. Pobre lagarto! Sempre soube que para escapar de carnívoros bastava correr para a represa ou para um buraco. Mas essa represa de azulejos é cercada de paredes verticais, e o lagarto andava pelo fundo buscando um plano inclinado que o levasse para o raso e finalmente para fora da água. Inútil; o lagarto nunca havia aprendido a sair de represas com paredes verticais e azulejos lisos. Quase com tédio, explicou para os meninos por que seria necessário resgatar o lagarto com uma peneira de coletar folhas. Resgate feito, sem dúvida o ponto alto dos feriados, voltou aos contos por mais algumas horas.

O sol se punha e as malas estavam sendo colocadas no carro. Largou o livro com olhos cansados e foi dar um último passeio. Comeu algumas jabuticabas e pitangas, procurou os micos no topo das árvores e alguma capivara próximo à represa. Enquanto refletia como algo tão simples quanto as superfícies verticais e horizontais de uma casa é suficiente para atrapalhar a vida dos animais, consolou-se com o fato de pelo menos achar que compreendia o que estava acontecendo. Foi quando se lembrou de que seus ancestrais também não sentavam em cadeiras, quase imóveis, lendo livros. Talvez isso explicasse a dor nas costas e a vista cansada. Lembrou que seus ancestrais foram selecionados durante centenas de milhares de anos para viver em pequenos grupos, caminhando pela floresta, comendo frutas, caçando e observando a natureza. Talvez isso explicasse por que se sentia alegre naquele final de tarde.

Resignado, concluiu que os seres humanos não foram selecionados para passar horas dirigindo de volta para São Paulo em uma estrada congestionada.

Entraram no carro e, quando ligou o motor, percebeu que a crônica que teria que escrever na manhã seguinte já estava pronta. Feliz, encarou a estrada de volta.

## 2. Gotas de orvalho em teias de aranha

O brilho das gotículas de orvalho em uma teia de aranha é um espetáculo difícil de esquecer. O arranjo das gotas nas teias de aranha pode ser observado quando o sol dissipa o nevoeiro da madrugada. Foi observando uma dessas teias que Lei Jiang, um cientista do Laboratório de Ciências Moleculares da Academia de Ciências da China, perguntou-se como era possível uma teia acumular gotas de água tão grandes. Cinco anos depois, Jiang descobriu o truque usado pelas aranhas.

Se em uma noite com nevoeiro você pendurar fios de origem animal (cabelo ou lã) ou vegetal (algodão ou linho) em seu jardim, na manhã seguinte vai observar que os fios estão úmidos ou até encharcados, mas dificilmente vai encontrar gotas de água suspensas neles. Se você sacudir esses fios, dificilmente vai coletar água líquida em um copo. Mas basta sacudir uma teia de aranha que as gotas se soltam. O objetivo de Jiang era compreender o porquê dessa diferença.

Com a colaboração de estudantes, foram coletadas centenas de teias construídas pela aranha *Uloborus walckenaerius*. Cada fio foi isolado e cuidadosamente estocado. Usando microscópios sofisticados, os cientistas estudaram o que acontecia com os fios quando eram colocados em ambientes úmidos, simulando a neblina da madrugada. Quando totalmente secos, os fios têm a aparência de um colar de pérolas: pequenas estruturas esféricas, de quase um décimo de milímetro de diâmetro, ligadas entre si por "fios" muito mais finos. Quando esse "colar de pérolas" é observado mais de perto, com um microscópio poderoso, fica aparente que tanto as esferas quanto os fios são compostos de milhares de nanofibrilas, que são o material expelido pelas glândulas localizadas no abdome das aranhas.

Quando esses fios secos são expostos à umidade presente normalmente no ar, sua estrutura se modifica. As esferas continuam com a forma de um novelo de nanofibrilas emaranhado, mas os pequenos "fios" se alongam e neles se pode observar que as nanofibrilas se organizam em feixes perfeitamente ordenados, semelhantes aos fios metálicos de um cabo de aço. O fio de uma teia de aranha é, portanto, composto de uma sequência de "nós" (os novelos emaranhados de nanofibrilas) e "fios" (locais onde as nanofibrilas estão ordenadas).

Os cientistas colocaram esses fios em uma câmara com neblina artificial e filmaram o que acontecia. Observaram que minúsculas gotas de água (invisíveis a olho nu) formavam-se primeiramente nos "fios". Assim que essas gotas atingiam o tamanho de dois ou três milésimos de milímetro, elas se deslocavam para os "nós", liberando a superfície dos "fios". Na superfície dos "fios" se iniciava a formação de uma nova microgota de água, que logo mais se deslocava para o "nó" e se fundia com a gota que já estava lá. Esse processo se repete inúmeras vezes até que as gotas localizadas em "nós" adjacentes se tornam tão grandes que se fundem. Quando isso ocorre, elas acabam por se tornar uma gota "enorme", agora visível sem auxílio de instrumentos. São essas gotas que observamos nas teias.

Ao analisar cuidadosamente esse fenômeno, os cientistas foram capazes de demonstrar que a forma como as nanofibrilas se organizam em "nós" e "fios" induz a formações de gradientes de tensão superficial e pressão que fazem as microgotas se movimentarem em direção aos "nós" e se fundirem formando gotas maiores.

Explicado o fenômeno que ocorre nas teias de aranha, os cientistas construíram fios artificiais em que as microfibrilas estão organizadas da mesma forma (alternando ao longo do comprimento "nós" e "fios") e demonstraram que a acumulação de gotas pode ser observada nessas fibras sintéticas. O resultado é que, utilizando essas fibras, é possível captar água diretamente da neblina. Já se pode imaginar cortinas construídas desse material capazes de abastecer, durante a madrugada, a caixa-d'água de nossas casas.

*Mais informações em: "Directional water collection on wetted spider silk". Nature, v. 463, p. 640, 2010.*

# 3. Teia de aranha não é cabelo nem macarrão

Você já deve ter visto uma aranha pendurada em um único fio de sua teia. Deve ter observado como ela é capaz de aumentar rapidamente o comprimento do fio. Em poucos segundos, uma aranha pode produzir mais de dez centímetros de fio. Imagine se nosso cabelo crescesse com essa velocidade. Teríamos que nos barbear três vezes por dia.

A diferença entre o processo de fabricação do fio de cabelo e do fio de seda das aranhas explica a diferença de velocidade no crescimento. No caso do cabelo, as células presentes no bulbo capilar (o que chamamos de raiz) sintetizam as proteínas que constituem o fio e, à medida que essas proteínas ficam prontas, são adicionadas à ponta do fio localizada dentro do bulbo capilar, aumentando seu comprimento. O crescimento é lento e constante. No caso do fio de seda das aranhas, uma glândula produz as proteínas que vão constituir o fio, e essas proteínas são estocadas em um pequeno saco. Quando a aranha quer sintetizar um pedaço de fio, as proteínas são ejetadas do saco através de tubos muito finos, formando os fios.

O mecanismo é semelhante a uma máquina de fazer macarrão — que, ao fazer a massa passar por um orifício, forma os fios. O problema é que, no caso do macarrão, podemos esperar algumas horas para a massa secar e o macarrão endurecer. No caso das aranhas, no momento em que o fio é ejetado, ele já tem que estar pronto para suportar o peso do animal. Isso significa que o processo de solidificação precisa ser rápido. A novidade é que foi descoberto o truque usado pelas aranhas para produzir rapidamente uma grande quantidade de fios.

A proteína no fio de seda foi chamada de *spidroina*. Há alguns anos se descobriu que ela é sintetizada e armazenada na forma líquida no pequeno reservatório. Ao ser expulsa do reservatório, ela imediatamente solidifica, formando o fio. Mas o que seria responsável por regular essa passagem do estado líquido para o sólido?

Ao medirem o pH (o grau de acidez) no interior do saco e ao longo do tubo que leva ao orifício por onde sai o fio, cientistas descobriram que no local onde a *spidroina* é estocada (no saco) o pH é 7 — nem ácido nem básico. Mas, quando o líquido contendo *spidroina* passa pelo tubo de saída, as paredes do tubo secretam íons de hidrogênio e o meio fica mais ácido (pH = 6). Essa diminuição do pH provoca a solidificação da *spidroina* e a sua organização em fios resistentes. Esse fenômeno pode ser observado em um tubo de ensaio contendo *spidroina* purificada: basta abaixar o pH para que ela se solidifique. Mas qual seria o mecanismo que mantém a *spidroina* no estado líquido em pH neutro? Em outras palavras, qual seria o interruptor, sensível aos íons de hidrogênio, que "liga e desliga" a *spidroina*?

Para estudar esse fenômeno, cientistas produziram grande quantidade de *spidroina* colocando o gene da aranha em bactérias. Primeiro, eles descobriram que a *spidroina* produzida em bactéria tinha as mesmas propriedades da produzida pelas aranhas. Em seguida, começaram a retirar pedaços dessa proteína. E descobriram que, se retirassem uma das pontas da proteína, ela solidificava rapidamente, independentemente do pH do tubo de ensaio. Quando esse pedaço da proteína era colocado de volta, a sensibilidade ao pH voltava. Dessa maneira, ficou provado que esse segmento era o responsável pela sensibilidade ao pH. Mas, ao estudar essa parte da proteína, descobriram que ela forma dímeros em pH neutro e esses dímeros se dissociam em pH ácido. Isso sugere que, quando a *spidroina* está no saco, ela não polimeriza, pois as moléculas estão dimerizadas. Ao serem expulsas do saco e serem tratadas com ácido no tubo de saídas, os dímeros se desfazem, o que permite que a *spidroina* forme rapidamente os fios que sustentam as aranhas. Esse mecanismo engenhoso possibilita que as aranhas construam rapidamente suas teias. Agora os cientistas tentam adaptar esse mecanismo para facilitar a fabricação industrial de fibras sintéticas. Mais cedo ou mais tarde, essa tecnologia estará em nossas camisas.

*Mais informações em: "Self-assembly of spider silk proteins is controlled by a pH-sensitive relay". Nature, v. 465, p. 236, 2010.*

# 4. Rabo de aranha

Alpinistas e aranhas saltadoras são cuidadosos. Quando vão pular um precipício, se amarram a uma corda. Se o salto der errado, a corda previne a queda. Essa era a ilusão em que viviam os cientistas. Agora descobriram que a corda de seda usada pelas aranhas tem uma função muito mais interessante. Ela permite que a aranha, tal qual Bruce Lee, aterrisse depois do salto pronta para o ataque.

Existem milhares de espécies de aranhas saltadoras do grupo *Salticids*. Elas vivem em todos os continentes, preferencialmente nas florestas. São exímias caçadoras. Seus quatro pares de olhos localizados na região anterior da cabeça propiciam um dos melhores sistemas visuais conhecidos. Gostam de caçar de dia. Localizam a presa, aproximam-se lentamente e saltam na direção dela. Seu salto é rápido, longo e preciso. Rápido porque não utiliza músculos para estender as pernas posteriores que impulsionam o corpo: suas pernas são sistemas hidráulicos sofisticados. Um fluido é injetado sob pressão em uma espécie de pistão que move a perna, e ela decola a uma velocidade de aproximadamente um metro por segundo (3,6 km/h). Longo porque alcança vinte vezes o comprimento do seu corpo (seria como se saltássemos trinta ou quarenta metros). Preciso porque aterrissa praticamente em cima da presa, que é agarrada dez milésimos de segundo após a aterrissagem. A vítima não tem chance.

Há muitos anos, cientistas observaram que, antes de iniciar o salto, essas aranhas se abaixam e, tocando a parte de trás do abdome no solo, prendem no local a ponta de um fio de seda (o material que usam para produzir as teias). Durante o salto, à medida que ela avança, o fio vai se alongando. Quando a aranha pousa, ela ainda está ligada pelo fio ao local de onde partiu. Esse fio foi denominado pelos cientistas de "corda de segurança", pois acreditavam que ele permitia que a aranha voltasse ao ponto de origem se errasse o salto. Mas havia um problema: as aranhas raramente erram o salto e algumas vezes não produzem a "corda de segurança".

Recentemente, um cientista observou que, nos pulos sem corda, o pouso da aranha não era tão suave e, em um caso, ela parecia dar um salto mortal durante o pulo. Isso bastou para incentivar os cientistas a estudar em detalhe o papel dessa "corda de segurança" durante o salto.

O estudo foi feito com 38 aranhas da espécie *Hasarius adansoni*. Elas foram coletadas na floresta e mantidas em cativeiro por algumas semanas para se adaptarem. Em um aquário de vidro, os cientistas construíram duas plataformas separadas por um "abismo" de 7,5 centímetros. Uma das plataformas era mais alta (dezoito centímetros do solo) e possuía uma rampa por onde a aranha podia subir. A outra estava 3,5 centímetros abaixo. Para filmar as aranhas saltando, usaram uma câmera capaz de registrar mil quadros por segundo. Então colocavam as aranhas e ficavam esperando elas decidirem subir e dar o salto. Parece que elas gostam de saltar, pois não foi necessário colocar uma presa na plataforma de aterrissagem. Centenas de saltos foram filmados, e os filmes foram analisados cuidadosamente. Das 38 aranhas, 22 sempre usavam a corda de segurança; as outras, muitas vezes, pulavam sem a corda. Comparando os filmes obtidos dos saltos com e sem corda, os cientistas puderam entender a função da corda de segurança.

Quando as aranhas pulavam com a corda, elas sempre pousavam sobre todas as patas de forma simultânea, exatamente na horizontal. Nos pulos sem corda, elas em geral caíam sobre a parte de trás do corpo e, algumas vezes, de lado. Em umas poucas vezes, as aranhas sem corda caíam de boca e quase davam uma cambalhota para a frente. Quando usada, a corda fica tensa durante todo o salto, pois é produzida à medida que a aranha se movimenta, em perfeita sincronia. Usando o peso das aranhas (medido com uma balança após cada salto), a velocidade durante cada etapa do voo e a de aterrissagem, além do ângulo do tórax e do abdome da aranha em relação aos planos horizontal e vertical, os cientistas puderam calcular com precisão as forças que agem sobre o corpo da aranha durante o voo, tanto na presença de corda quanto em sua ausência.

O que eles concluíram é que a aranha, quando utiliza a corda, regula a força com que a "segura", o que permite ao animal usá-la como uma espécie de apoio. Assim, ela orienta o corpo durante o salto, garantindo a posição correta do corpo durante o voo. Já nos saltos sem corda, as aranhas ficam à mercê do impulso inicial e, apesar de moverem as pernas e o abdome, não conseguem sempre manter o corpo orientado.

O resultado é que, quando a corda está presente, a aranha pousa sobre as patas e leva menos de dez milissegundos para estar em pé e alerta. Já nos saltos sem corda a aterrissagem é mais conturbada e elas levam no mínimo cinquenta milissegundos para ficar de pé e em posição de alerta.

A conclusão é que a função do cabo de seda é orientar o corpo durante o salto, garantindo um salto perfeito em todas as tentativas. Provavelmente, os quarenta milissegundos perdidos antes de agarrar a presa podem ser a diferença entre o sucesso e o fracasso, a diferença de uma boa refeição ou mais um dia passando fome. O cabo de seda é mais uma arma desses predadores, junto com as mandíbulas, os olhos aguçados, o veneno, as garras e a perna hidráulica. A corda de seda é o rabo das aranhas.

*Mais informações em: "More than a safety line: Jump-stabilizing silk of salticids".* Journal of the Royal Society Interface, *v. 10, 2013.0572, 2013.*

# 5. A visão 3-D das aranhas

A presa se aproxima. Com um único salto, a aranha agarra e mata a vítima. A *Hasarius adansoni* é um predador eficiente que dispensa o uso de teias para capturar suas presas. Saltar com precisão sobre uma vítima exige um sistema visual sofisticado, é preciso calcular a distância e usar esse dado para controlar a força e a direção do salto. O truque dessa aranha foi descoberto.

Os mamíferos conseguem construir uma imagem tridimensional do espaço à sua frente utilizando uma propriedade da visão binocular: como cada um dos olhos observa a cena de um ângulo diferente, nosso cérebro combina as duas imagens, produzindo uma representação tridimensional do campo visual. Usando esse truque, o leão consegue calcular a que distância está da gazela, o macaco pula de um galho para outro com precisão e nós conseguimos espetar uma ervilha com um garfo sem errar a mira. Mas se perdermos (ou tamparmos) um dos olhos, grande parte dessa capacidade vai desaparecer.

Será que essa aranha, com seu cérebro primitivo, utilizaria um mecanismo semelhante? Cientistas tamparam cada um dos quatro olhos da aranha para verificar se ela ainda era capaz de pular com precisão sobre a presa. Eles observaram que, mesmo tampando os dois olhos laterais e um do par frontal, a aranha pulava com precisão — o que indica que ela necessita da informação gerada por um único olho frontal para calcular a distância. Mas como um único olho pode obter informação suficiente para construir uma imagem tridimensional?

Quando as propriedades da lente do olho frontal da aranha foram estudadas, os cientistas descobriram que a lente possuía uma aberração cromática. Essa propriedade faz a luz de diferentes cores focar em diferentes planos. Uma máquina fotográfica que possuísse uma lente com esse "defeito" só seria capaz de focar uma cor de cada vez sobre o sensor. Assim, se tentássemos tirar uma foto de uma blusa listrada de azul e vermelho, quando o azul estivesse em foco, o vermelho estaria desfocado. É claro que lentes com essa propriedade nunca seriam incorporadas em máquinas fotográficas.

Mas o olho de nossa amiga aranha possui outra característica além de uma lente com aberração cromática: a retina (a superfície onde a imagem é focada) é composta por quatro camadas de sensores, uma sobre a outra. As duas superiores (L3 e L4) são sensíveis à luz ultravioleta, e as duas inferiores (L1 e L2) são sensíveis à luz verde. Devido à aberração cromática da lente, a luz ultravioleta foca perfeitamente nas camadas superiores (L3 e L4) e a luz verde foca na camada mais interna (L1). É como se, além de uma lente com aberração cromática, nossa câmera fotográfica hipotética tivesse dois sensores: um mais à frente, sensível ao vermelho; outro atrás, sensível ao azul. Esse arranjo dos sensores em dois planos compensa a aberração cromática e nossa máquina funcionaria perfeitamente. É o que ocorre com as três camadas (L1, L3 e L4) na retina da aranha.

O estranho é o que acontece na camada L2, que é sensível

somente à luz verde. Mas a luz verde forma uma imagem perfeitamente focada na camada L1 e uma imagem desfocada na L2. O resultado é que o cérebro da aranha recebe duas imagens verdes, uma em foco (proveniente de L1) e outra fora de foco (proveniente de L2). Faz muito tempo que os físicos descobriram que é possível calcular a distância de um objeto usando a informação contida na imagem fora de foco. Uma imagem mais desfocada indica que o objeto está mais longe; uma menos desfocada, que ele está mais perto.

Será que a aranha estaria usando um mecanismo tão sofisticado para calcular a distância da presa? O teste final veio de um experimento simples e engenhoso. Como a imagem fora de foco só se forma na parte da retina sensível ao verde (L2), os cientistas resolveram verificar a precisão do salto da aranha em ambientes onde a luz ambiente não possuísse uma das cores. Para isso, basta colocar diferentes filtros na luz ambiente e verificar o que acontecia com o pulo da aranha. Eles observaram que, se o verde fosse suprimido (nenhuma luz chegava às camadas L1 e L2), a aranha era capaz de enxergar a presa usando a luz que chegava nas camadas L3 e L4 e saltava na direção correta, mas o pulo era sempre mais curto que o necessário, e a presa escapava. Quando o ambiente continha somente luz verde, o pulo era perfeito. Esse resultado sugere que o cérebro da aranha é capaz de combinar a informação obtida da luz verde focada (L1) e desfocada (L2) para calcular a distância da presa. Depois, basta ajustar o salto de modo a garantir sua captura.

Isso demonstra como o sistema visual dos insetos é sofisticado e muito diferente do utilizado pelos mamíferos. A consequência dessa descoberta é que uma aranha nunca vai poder apreciar um filme 3-D em uma dessas novas salas de cinema. A tecnologia usada para criar a ilusão tridimensional em nosso cérebro utiliza imagens obtidas de diferentes ângulos que são direcionadas pelos óculos para cada um de nossos olhos.

Mais informações em: *"Depth perception from image defocus in a jumping spider"*. Science, v. 335, p. 469, 2012.

# 6. O rádio e o sexto sentido das baratas

Como os animais percebem o que ocorre ao redor? É difícil escapar da tentação de achar que seus sentidos são semelhantes aos nossos. Os olhos dos insetos, por serem multifacetados, seguramente formam imagens muito diferentes das formadas em nossas retinas. Cães são capazes de ouvir sons em frequências inaudíveis para nossos míseros ouvidos e ainda possuem um olfato mais apurado. Nesses exemplos, o "sentido" desses animais detecta o mesmo sinal que os nossos sentidos: luz, som e cheiros. O que é quase impossível de imaginar é como um animal "sente" sinais provenientes do meio ambiente inacessíveis aos nossos sentidos. Desde que deixamos de acreditar que somos os animais mais perfeitos do planeta, descobrimos que muitos animais utilizam informações às quais não temos acesso. É o caso de animais capazes de "sentir" a orientação do campo magnético que os circunda. Hoje sabemos que um grande número de seres vivos é capaz de "sentir" o campo magnético da Terra.

Mas como funciona um órgão capaz de "sentir" um campo magnético? Os animais detectam campos magnéticos de duas maneiras. A primeira é semelhante ao princípio da bússola: eles possuem pequenos cristais de ferro que mudam de direção dependendo de como se orientam em relação ao Norte. Estruturas desse tipo foram descobertas nos bicos de diversos pássaros. A segunda maneira de detectar o campo magnético utiliza moléculas com pares de radicais que existem no interior das células. Esse tipo de molécula é capaz de detectar a orientação de campos magnéticos. A descoberta desse segundo mecanismo permitiu explicar por que o comportamento de muitos animais desprovidos de cristais de ferro é afetado por campos magnéticos.

Recentemente, um grupo de pesquisadores da República Tcheca desenvolveu um truque engenhoso para descobrir qual desses métodos é utilizado por certo animal. O truque se baseia na observação de que ondas de rádio, na frequência de 1200 kHz (a frequência usada pela rádio Cultura AM), impedem a formação desses pares de radicais sem interferir no funcionamento dos cristais de ferro. Assim, se o comportamento do animal em relação ao campo magnético é afetado pelas ondas de rádio, é possível concluir que ele utiliza pares de radicais para se orientar. Se o rádio não afeta seu comportamento, o mecanismo provavelmente envolve cristais de ferro.

O experimento inicial foi feito com baratas. Inicialmente, as baratas são colocadas em placas de Petri. Depois de um dia de adaptação, elas ficam calmas e se movem muito pouco. Quando cientistas submetem as placas a um campo magnético artificial, as baratas continuam calmas. Mas quando esse mesmo campo magnético, ao invés de ficar sempre na mesma orientação, é mudado de orientação a cada hora, a calma e a tranquilidade desaparecem, e as baratas passam a se movimentar constantemente, indicando que elas "sentem" que há algo de "errado" no sinal que recebem do meio ambiente. Afinal, pensam elas, não é normal o Norte ficar mudando de posição a cada hora. Essa observação demonstra que as baratas "sentem" o campo magnético.

Numa segunda etapa, os cientistas repetiram o experimento exatamente da mesma maneira, mas ao mesmo tempo submeteram as baratas a ondas de rádio de 1200 kHz. Na presença dessas ondas, as baratas deixavam de se agitar quando a orientação do campo magnético era alterada. A conclusão é que as ondas de rádio obliteram o órgão que sente o campo magnético. Portanto, nas baratas, esse órgão utiliza pares de radicais e não cristais de ferro.

Se essa descoberta estiver correta, é provável que nas casas vizinhas às antenas da rádio Cultura AM as baratas vivam desorientadas. E baratas desorientadas são mais fáceis de matar com um chinelo.

*Mais informações em: "Radio frequency magnetic fields disrupt magnetoreception in American cockroach". Journal of Experimental Biology, v. 212, p. 3473, 2009.*

# 7. Bússola de borboleta

Quem já viu diz que é lindo. No final do outono, quando os dias ficam mais curtos, milhões de borboletas-monarcas partem do norte dos Estados Unidos e do sul do Canadá em direção aos trópicos. Depois de voarem quase 4 mil quilômetros, elas pousam na região central do México. Há décadas se sabe que elas se orientam utilizando a luz solar. O problema é que o sol se move ao longo do dia, e sua utilização como bússola só é possível com um relógio que informe a hora exata. Como ninguém nunca viu uma borboleta com relógio, a maneira de se orientar durante sua migração era um mistério. Agora os cientistas descobriram o relógio das borboletas. Ele está nas antenas.

Se você é uma borboleta, está no hemisfério norte e deseja voar para o sul, aqui vai a receita: ao nascer do sol, oriente-se de modo que ele fique à sua esquerda. À medida que o sol se movimenta ao longo do dia, você deve corrigir sua orientação de forma que, ao meio-dia, você voe diretamente em direção ao sol. Ao longo da tarde, o sol deve ficar cada vez mais à sua direita. Sabendo a hora do dia e a posição do sol, fica fácil. O problema é descobrir como as borboletas sabem a hora do dia.

Muitos possuem um relógio interno. Nesse relógio, a "hora" é informada pela quantidade de diversas proteínas presentes no interior das células. A quantidade dessas proteínas oscila ao longo de 24 horas. Mas ao contrário dos relógios mecânicos, que funcionam independentemente de qualquer sinal externo e precisam ser acertados quando inicia e termina o horário de verão, os relógios biológicos são sincronizados a cada dia pela luz solar. É por esse motivo que, se você alterar seu ciclo de luz e escuridão, seu relógio biológico fica desregulado. E essa é uma das causas do jet lag, o desconforto que ocorre quando viajamos para outro fuso horário.

Foi esse o truque utilizado pelos cientistas para identificar o relógio biológico das borboletas, que foram capturadas e colocadas por um mês em um regime de luz e escuridão invertido (luz de noite e escuridão de dia). Um segundo grupo foi submetido ao regime correto. Quando as borboletas foram soltas, observou-se que as submetidas ao regime correto migravam para o Sul, como esperado, enquanto as "invertidas" migravam para o Norte. Isso demonstrou que elas de fato possuem um relógio biológico e o utilizam para se orientar.

Em seguida, repetiram o experimento; mas, antes de colocar os insetos nos dois regimes de iluminação, as antenas foram removidas. Essas borboletas sem antenas, qualquer que seja o regime de iluminação, perdem totalmente a capacidade de se orientar pelo sol, o que sugere que o relógio está localizado na antena. Essa hipótese foi confirmada com um experimento curioso. As borboletas foram divididas em dois grupos: em um, cientistas pintaram as antenas com esmalte de unha incolor, que permite a passagem de luz; no outro, as antenas foram pintadas com esmalte preto, impedindo que elas recebessem luz. Nas borboletas com antenas pretas, o relógio biológico não pôde ser sincronizado através da alteração do regime de iluminação, o que confirma que realmente esse relógio está localizado nas antenas.

A conclusão é que as borboletas-monarcas utilizam os olhos para determinar a posição do sol. Essa posição é informada ao cérebro. Ao mesmo tempo, as antenas estabelecem a hora empregando seu relógio biológico e informam o cérebro. De posse dessas duas informações, o cérebro determina, a cada hora do dia, como a borboleta deve se orientar, de modo a sempre voar em direção ao Sul. Nada mal para um cérebro de borboleta.

*Mais informações em: "Antennal circadian clocks coordinate sun compass orientation in migratory monarch butterflies". Science, v. 325, p. 1700, 2009.*

# 8. O radar das seringas voadoras

Todos os dias, milhões de seringas voadoras decolam à procura de sangue. Guiadas por um radar poderoso chamado olfato, localizam suas vítimas: pobres humanos indefesos. Pousam, inserem a agulha, injetam saliva anticoagulante e se refestelam chupando nosso sangue. São os insetos hematófagos, como os pernilongos, borrachudos e similares. Infelizmente, eles não foram educados na prática de trocar a agulha entre os ataques; o resultado dessa falta de higiene é que, ao transplantar minúsculas quantidades de sangue de uma pessoa para outra, transmitem vírus e parasitas, disseminando doenças como dengue e malária.

Provavelmente, a seringa voadora mais prejudicial ao ser humano é o *Anopheles gambiae*, responsável pela transmissão de malária na África subsaariana. Mais de 100 milhões de pessoas contraem malária todos os anos. As mortes ultrapassam 1 milhão por ano. Na falta de uma vacina contra a malária, e com os parasitas cada vez mais resistentes às drogas, uma solução é evitar que os mosquitos piquem as pessoas. Vem daí o uso de inseticidas, redes e repelentes de insetos. Mas a evolução darwiniana é sábia, e o *Anopheles* tem um olfato sofisticado, difícil de enganar. A novidade é que o funcionamento do olfato das seringas voadoras foi decifrado.

O olfato funciona como se fosse um sistema de chave e fechadura. A chave é uma molécula volátil que, secretada por nosso corpo, espalha-se pelo ar. A fechadura é um receptor localizado na membrana dos neurônios da antena do mosquito. Quando a chave encaixa na fechadura, o neurônio dispara sinais que são interpretados como "humano nas proximidades". À medida que o mosquito voa em direção ao alvo, a quantidade de chaves presentes no ar aumenta (o cheiro fica mais forte), e a seringa usa essa informação para se aproximar de nossa pele.

Se o sistema usado pelo *Anopheles* consistisse em somente uma chave (composto volátil) e uma única fechadura (receptor), seria relativamente fácil enganar a seringa voadora, impedindo que ela localizasse o alvo. Mas o sequenciamento do genoma do *Anopheles* demonstrou que ele utiliza 79 fechaduras, cada uma capaz de detectar uma ou mais chaves. E, para piorar a vida dos cientistas, sabemos que nosso corpo produz mais de 110 chaves distintas — moléculas voláteis que podem potencialmente servir de chaves e ativar as fechaduras.

Mas, agora, um grupo de cientistas conseguiu descobrir quais chaves servem em cada uma das fechaduras. O resultado é uma tabela simples, listando as moléculas (chaves) que ativam cada um dos receptores (fechaduras). Para construir essa tabela, foi feito um experimento engenhoso e elegante.

O truque consiste em produzir uma *Drosophila* (a mosca que vive nas bananas) mutante, incapaz de sentir qualquer cheiro. Essa mosca, que só sobrevive em laboratório, perdeu a capacidade de cheirar, porque todos os genes dos receptores (suas fechaduras) foram removidos de seu genoma. Em seguida, os cientistas isolaram os genes de cada uma das fechaduras (receptores) do *Ano-*

*pheles* e inseriram na *Drosophila* mutante. O resultado é uma coleção contendo 79 *Drosophilas* transgênicas, cada uma funcionando com uma única fechadura. O passo seguinte foi submeter cada uma dessas linhagens contendo um único tipo de receptor (fechadura) às 110 moléculas (chaves) secretadas pela pele humana. Analisando as 8690 combinações de 79 tipos de moscas com 110 compostos químicos, foi possível descobrir qual das 110 chaves serve em cada uma das 79 fechaduras. O interessante é que existem diferentes tipos de fechaduras e chaves. Alguns receptores se ligam a diversas moléculas (várias chaves abrem a mesma fechadura), outros receptores são específicos e respondem a somente uma molécula (só uma chave abre a fechadura), e finalmente a mesma molécula ativa diversos receptores (uma chave abre várias fechaduras).

Conhecidos os pares de chaves e fechaduras utilizados pelas seringas voadoras para localizar seu alvo, talvez seja possível descobrir novos métodos capazes de despistar os milhões de insetos que decolam todos os dias em busca de nosso sangue.

*Mais informações em: "Odorant reception in the malaria mosquito Anopheles gambiae". Nature, v. 464, p. 66, 2010.*

# 9. A metralhadora dos *Brachinini*

Se você encontrar um besouro *Brachinini*, tome cuidado. Ele pode disparar a metralhadora. A cada segundo, quinhentos jatos de água fervendo voarão em sua direção em alta velocidade (36 km/hora). Você será queimado duas vezes: pela água quente e por um poderoso irritante. Agora cientistas descobriram como funciona a metralhadora.

Os *Brachinini* possuem uma metralhadora de cada lado do ânus. Elas são chamadas de glândulas pigidiais. Têm o formato de um dedo de luva, um tubo que se abre na superfície do corpo do inseto. No fundo do tubo fica o reservatório de munição, um líquido contendo 25% de água oxigenada e 10% de hidroquinona. Uma válvula separa o reservatório de munição da câmara de combustão.

Na câmara de combustão estão as enzimas, peroxidase e catalase. Quando a válvula se abre, a munição se mistura às enzimas e a reação é violenta. A água oxigenada é quebrada liberando oxigênio, que reage com a hidroquinona produzindo benzoquinona. Essas duas reações químicas ocorrem em questão de milissegundos. Elas liberam muito calor e, por isso, o líquido ferve, formando uma grande quantidade de oxigênio e vapor de água. O gás provoca uma explosão, expelindo um jato de água fervendo com o irritante benzoquinona pelo orifício na superfície do inseto. Todo esse processo é semelhante ao que ocorre quando usamos água oxigenada para tirar uma mancha de sangue. As enzimas presentes no sangue fresco degradam a água oxigenada e liberam o oxigênio, que reage com o ferro presente na hemoglobina, fazendo a cor vermelha desaparecer.

O problema é que, se toda a munição estocada pelo besouro fosse usada de uma vez, o besouro morreria torrado se não explodisse antes. Mas o besouro consegue detonar um pouco de munição por vez, repetindo o processo quinhentas vezes por segundo. É por isso que a arma é semelhante a uma metralhadora, e não a um canhão. Aí estava o mistério. Como o inseto consegue liberar pouco a pouco a munição, quinhentas vezes por segundo, controlando essa violenta reação química? Para entender como isso ocorre, os cientistas bombardearam o besouro com uma luz muito forte e foram capazes de filmar o processo usando uma câmera que tira 2 mil fotos por segundo. Analisando o filme, foi possível entender o que ocorre dentro da glândula pygidial quando o inseto aperta o gatilho da metralhadora.

Primeiro, o inseto contrai um músculo que envolve o depósito de munição, e isso força a abertura da válvula que separa a munição da enzima. Mas, assim que uma microquantidade de munição passa pela válvula, a reação é tão rápida e libera tanto gás que a pressão causa o fechamento da válvula. À medida que a reação continua, a pressão e a temperatura na câmara de combustão aumentam rapidamente, por isso o líquido ferve, explode e é expulso pelo orifício na superfície do inseto em alta velocidade. Assim que ocorre a expulsão, a pressão diminui, permitindo que um pouco mais de munição passe pela válvula, e o processo recomeça. Esse ciclo se repete quinhentas vezes por segundo, liberando um microjato de água e irritante a cada explosão. Esse processo cíclico só termina quando o besouro relaxa o músculo que aperta o depósito de munição, desligando a metralhadora.

A grande vantagem desse processo cíclico é que ele permite que o líquido quente seja produzido e expelido pelo animal antes que ele possa aquecer e danificar o besouro. Além disso, o produto químico irritante é sintetizado a cada ciclo da metralhadora, o que diminui as chances de ele atacar o próprio besouro.

Essa metralhadora — que controla a produção e a mistura de reagentes perigosos, utiliza reações enzimáticas e químicas, e gera calor e gases em grande quantidade a cada dois milésimos de segundo — está sob controle direto do cérebro desse inseto.

A metralhadora dos *Brachinini* é mais rápida que as criadas pelo ser humano, é capaz de produzir o componente tóxico antes de cada tiro e além de tudo não esquenta, mesmo quando usada por diversos segundos. Nada mal para uma tecnologia produzida pelo processo de seleção natural em um besouro de menos de dois centímetros de comprimento.

*Mais informações em: "Mechanistic origins of bombardier beetle* (Brachinini) *explosion-induced defensive spray pulsation".* Science, *v. 384, p. 563, 2015.*

*Vídeo:* <https://youtu.be/_U-1kPbvj8Q>.

# 10. A arma imperialista dos musgos

Dentro de todo ser vivo, seja ele um animal ou um vegetal, reside um forte desejo imperialista. Seu objetivo é espalhar descendentes por todo o planeta. O *Homo sapiens* deixou a África e ocupou o mundo; o milho, pelas mãos do *Homo sapiens*, conquistou os continentes a partir do México. Os dinossauros vagavam por todos os cantos do mundo antes de se extinguirem. Essa ambição imperialista só é contida quando a espécie encontra ambientes em que não consegue prosperar, ou porque não está adaptada às condições climáticas, ou porque se defronta com outros imperialistas com os quais não consegue competir. Cada metro quadrado do ecossistema é disputado palmo a palmo por uma fração da enorme diversidade de seres vivos que habita o planeta.

O conjunto de estratégias usadas para conquistar novos ecossistemas é enorme. Enquanto um ninho de formigas produz fêmeas aladas capazes de formar um novo formigueiro centenas de metros adiante, uma ave pode voar até uma nova ilha e tentar estabelecer uma nova colônia. Na Amazônia, o *Homo sapiens* exerce sua compulsão imperialista derrubando florestas e construindo novas cidades. Essas são rapidamente invadidas pelos mosquitos e, com eles, os parasitas que causam a malária. Todos motivados pelo mesmo desejo imperialista, cada um usando as armas de que dispõe, tentando aumentar o território ocupado por seus descendentes.

O interessante é que espécies aparentemente dóceis utilizam armas poderosas. É o caso dos musgos. Um estudo recente demonstra quão sofisticado é seu método de espalhar esporos.

Ao contrário dos animais, que podem se locomover para conquistar novos territórios, grande parte das plantas passa a vida em um único local, o que determina as estratégias utilizadas. São as sementes com plumas carregadas pelo vento, frutas ingeridas por pássaros que carregam as sementes no seu intestino, flores coloridas e cheirosas atraem abelhas que carregam o pólen para novos ambientes.

No caso dos musgos, a vida é mais difícil. Eles fazem parte de um grupo de plantas que não possui um sistema vascular sofisticado, carecem de flores cheirosas e frutos saborosos. Pequenos, se limitam a cobrir a superfície, atingindo alguns centímetros de altura. Os musgos se reproduzem através de minúsculos esporos, praticamente invisíveis. Essa aparente fragilidade não impediu que eles se espalhassem pelo planeta, ocupando 1,5% de sua superfície — 1,5 milhão de quilômetros quadrados.

Os esporos dos musgos do gênero *Sphagnum* são produzidos em pequenas cápsulas esféricas parecidas com uma bola de futebol. Cada cápsula, de dois milímetros de diâmetro, forma-se no ápice de um pedúnculo de um a dois centímetros de altura e carrega em seu interior 200 mil esporos, que ocupam somente a parte superior da cápsula, logo abaixo da tampa que cobre um pequeno orifício. A metade inferior da cápsula é preenchida por ar. Como as paredes da cápsula são impermeáveis, o ar não escapa quando o sol incide sobre a cápsula esférica. Em alguns minutos, a água evapora da parede da cápsula, que diminui de volume e transforma-se em um cilindro estreito. O ar na parte inferior da cápsula é comprimido com a redução do volume. Mais alguns minutos e a tampa se abre: o ar comprimido ejeta os esporos.

Tudo isso era conhecido, mas o poder dessa pistola de esporos só foi elucidado agora, quando cientistas puderam filmar o processo de explosão das cápsulas com uma câmera de vídeo capaz de registrar 10 mil fotos por segundo. Usando esses filmes, foi possível calcular a força e a velocidade do processo.

O processo todo leva milésimos de segundo. A pressão na cápsula antes da explosão é de 400kPa, quase o dobro da pressão de um pneu de carro. Quando a tampa se rompe, os esporos sofrem uma força 36 mil vezes maior que a da gravidade, quase duas mil vezes mais que a maior força a que um astronauta é submetido quando um foguete decola ou uma nave espacial entra na atmosfera. Essa força enorme faz os esporos atingirem 120 km/h em menos de 0,1 milissegundo (um carro esporte leva quase três segundos, 30 mil vezes mais tempo, para atingir a mesma velocidade), o que resulta em uma aceleração máxima de 360 mil m/s$^2$. O resultado final é que os esporos são lançados a vinte centímetros de altura, o que permite que eles atinjam as correntes de vento que passam sobre aos campos de musgo e sejam carregados para longe.

É com essa arma poderosa que os musgos levam adiante sua expansão imperialista.

*Mais informações em: "Sphagnum moss disperses spores with vortex rings".* Science, *v. 329, p. 406, 2010.*
*Vídeos:* <https://youtu.be/EfWiEkGIjgg> *e* <https://youtu.be/ojUQfg8A2kU>.

# 11. Uma sociedade onde os idosos explodem

Para os animais sociais, os idosos podem ser um problema. Como o bem-estar da comunidade depende do trabalho de todos os membros, os idosos, por terem uma menor capacidade de trabalho, contribuem menos para o bem-estar do grupo. Entre os *Homo sapiens* (nós), esse problema foi resolvido com o sistema de aposentadoria. Essa solução é compatível com nossa organização social, devido à grande ligação afetiva que há entre as gerações. Além disso, acreditamos que existe um grande valor no conhecimento acumulado pelos mais velhos durante sua vida.

Imaginar que soluções semelhantes existam em outras sociedades complexas é um engano. Entre as formigas, as trabalhadoras mais velhas se dedicam à defesa do formigueiro, uma tarefa de alto risco que geralmente leva à morte. Do ponto de vista biológico, faz pouco sentido sacrificar os jovens, que têm um alto potencial de contribuição, se existem indivíduos mais velhos que já não podem contribuir com o bem-estar do formigueiro. Como disse Edward O. Wilson, um famoso estudioso das formigas: "Enquanto nós enviamos machos jovens para o campo de batalha, as formigas enviam senhoras idosas".

Mas agora foi descoberto um processo ainda mais estranho em uma sociedade de cupins. Ao envelhecer, os animais se transformam em verdadeiras bombas ambulantes: quando atacados por invasores, explodem. É o suicídio dos idosos em prol da segurança do grupo. Sem dúvida, um fim nobre em uma sociedade onde o afeto não existe.

Os *Neocapritermes taracua* são uma espécie de cupim que vive em florestas tropicais, no interior de troncos de madeira em decomposição. Observando esses animais, os cientistas verificaram que uma parte dos trabalhadores possuía duas manchas azuis nas costas, localizadas na junção do tórax com o abdome. Ao longo da vida, esses insetos sofrem diversas mudas (trocam de casca) à medida que crescem. Mas, apesar de trocarem todo seu esqueleto (que nos insetos está por fora do corpo e é chamado de exoesqueleto), as mandíbulas não são trocadas. As mesmas mandíbulas são usadas durante toda a vida. Com o passar do tempo, elas se gastam e vai ficando difícil para o animal cumprir suas tarefas. Esse desgaste das mandíbulas foi medido pelos cientistas e serve como uma indicação da idade do animal. Foi observado que, à medida que os animais envelhecem, surge essa mancha azul que vai crescendo e inchando. Parece que o cupim está carregando nas costas uma mochila azul.

Quando o ninho dos *N. taracua* é atacado por seus inimigos, os membros idosos do grupo, com sua mochila azul nas costas, podem ser observados na primeira linha de defesa. Eles são muito mais agressivos e atacam imediatamente o inimigo. Ao serem mordidos, a mochila azul explode e espalha seu conteúdo gosmento e tóxico sobre o inimigo. Os cientistas observaram que também é possível induzir a explosão desses insetos-bomba com uma pinça: basta apertar o corpo do animal, simulando uma mordida. Usando esse truque, cientistas conseguiram isolar o "explosivo" azul presente nas mochilas. Ele é composto por uma proteína que se liga a íons de cobre (daí sua cor azul) e diversas enzimas poderosas produzidas pela glândula salivar do inseto. Os cientistas ainda não sabem como essa meleca grudenta elimina o inimigo, mas a observação dos combates entre os velhinhos azuis e os invasores mostra que o método é eficiente.

No passo seguinte, os cientistas estudaram a anatomia das mochilas azuis. Elas são sacos que se formam nas costas do inseto, e o material acumulado no seu interior é produzido por uma glândula que se desenvolve com a idade e que tem a função específica de produzir o "explosivo" azul. Quando as mochilas explodem, elas também libertam o conteúdo das glândulas salivares que se localizam exatamente abaixo da mochila. Nesses animais mais velhos, essas glândulas estão repletas de enzimas digestivas, uma vez que as mandíbulas já desgastadas não permitem que os vovôs mastiguem eficientemente a madeira do tronco onde vivem.

Esses resultados demonstram que, durante o processo de envelhecimento dessa espécie de cupim, os animais, além de perderem sua capacidade de trabalho, passam por mudanças profundas — desenvolvendo essa nova glândula, produzindo seu conteúdo azul, acumulando as enzimas da saliva e se transformando lentamente em verdadeiros "velhos-bomba". Tudo isso para se prepararem para sua última tarefa: defender o ninho do ataque inimigo, explodindo gloriosamente. Se os jovens cupins possuíssem cérebros capazes de produzir pensamentos e sentimentos complexos, seguramente sentiriam orgulho de seus parentes idosos, pois não há dúvida de que devem parte da segurança de seus lares ao suicídio altruísta dos idosos da colônia.

*Mais informações em:* "Explosive backpacks in old termite workers". Science, *v. 337, p. 436, 2012.*

## 12. Como as moscas afogam suas mágoas

Esquecer frustrações amorosas através da ingestão de bebidas alcoólicas é um comportamento comum entre seres humanos. A perda de um prazer é compensada por outro. Faz muitos anos que se suspeita de que esse mecanismo de substituição é controlado por sistemas complexos presentes em nosso cérebro. Muitos cientistas acreditam que o alcoolismo e a dependência de drogas são causados por alterações nesse mecanismo cerebral, capaz de substituir prazeres negados por novas fontes de felicidade (mesmo que elas sejam temporárias e muitas vezes destrutivas no longo prazo). Agora, um grupo de cientistas conseguiu descobrir que um neuropeptídio (uma espécie de hormônio presente no cérebro) é o responsável por esse mecanismo de compensação. É por meio dele que moscas privadas de atividade sexual passam a preferir alimentos contendo álcool. O estudo foi feito usando a *Drosophila melanogaster*, aquela mosca pequena que aparece sempre que deixamos uma banana madura em cima da pia.

As moscas foram divididas em dois grupos. Em um grupo, moscas-machos eram colocadas durante algumas horas, todos os dias, com um número grande de moscas fêmeas virgens. Como era de esperar, após um período de namoro que envolve uma dança e carinhos no abdome, os machos se acasalavam com as fêmeas. Isso foi repetido por quatro dias. No final desse período, esses machos saciados foram colocados em um recipiente contendo dois tipos de comida: o mingau tradicional e o mesmo mingau contendo 15% de etanol. Os cientistas, usando câmeras, puderam avaliar se os machos preferiam a comida com ou sem etanol. O outro grupo de moscas foi submetido ao mesmo tratamento, mas com uma diferença: as fêmeas colocadas com os machos já tinham sido fecundadas anteriormente (nessa espécie, uma fêmea que já copulou rejeita o macho). Dessa maneira, os machos do segundo grupo foram rejeitados repetidamente, várias vezes por dia, durante quatro dias, por um número grande de fêmeas. Ao final do período, esses machos frustrados também puderam escolher entre o mingau comum e o com 15% de etanol. O resultado foi claro. Os machos rejeitados pelas fêmeas preferiram ingerir a comida com etanol, enquanto os machos submetidos a um regime de saciedade sexual dispensaram o álcool.

No passo seguinte, os cientistas mediram a quantidade do hormônio chamado de neuropeptídio F (NPF) no cérebro desses dois grupos de machos. O resultado foi novamente claro: os machos frustrados (sem sexo e adeptos ao álcool) possuíam níveis mais baixos do hormônio no cérebro; os machos saciados, que desprezavam o álcool, possuíam um nível mais alto de hormônio. O interessante é que o nível baixo de hormônio no cérebro nos machos frustrados pode ser facilmente revertido se forem disponibilizadas algumas fêmeas virgens. Após o sexo, esses machos têm o nível de hormônio aumentado e seu apetite por álcool diminui.

Esses resultados indicam que existe uma correlação entre a atividade sexual, o nível de hormônio e a vontade de se embriagar. Mas será que isso é uma simples correlação ou uma relação causal? Daí a vantagem de fazer esses estudos usando essas moscas. Como a genética delas pode ser facilmente manipulável, os cientistas puderam alterar os genes de modo a diminuir o nível de hormônio no cérebro sem submeter os pobres machos à falta de sexo. Foi observado que moscas com pouco hormônio no cérebro passaram a gostar de álcool independentemente da atividade sexual. O inverso também pode ser observado: quando o nível de hormônio era aumentado através de manipulações genéticas, as moscas perdiam o apetite pelo álcool.

Com base nesses experimentos e em uma série de observações semelhantes, os cientistas conseguiram demonstrar que o sistema de produção do neuropeptídio F é responsável por mediar a substituição de um prazer negado por uma outra forma de recompensa. É a primeira vez que se mapeia em detalhe o mecanismo molecular responsável por esse tipo comportamento.

O interessante é que em seres humanos existe um neuropeptídio equivalente ao existente nas moscas, e muitas pesquisas em mamíferos já demonstraram que ele pode estar envolvido em fenômenos semelhantes. É provável que os seres humanos possuam um sistema parecido com o descoberto nas moscas. Se isso for comprovado, essa descoberta abre a possibilidade de desenvolvermos drogas capazes de alterar o funcionamento desse sistema hormonal e talvez seja possível tratar pacientes com alcoolismo e diversas outras formas de dependência.

Quem imaginaria que as moscas também afogam suas mágoas com álcool e que provavelmente compartilham conosco o mesmo mecanismo hormonal capaz de compensar uma frustração com outra forma de prazer?

*Mais informações em:* "Sexual deprivation increases ethanol intake in Drosophila". Science, v. 335, p. 1351, 2012.

# 13. Uma lagarta que manipula o envelhecimento das folhas

Quando as folhas assumem tons de amarelo e laranja, os habitantes das florestas de clima temperado sabem que a estação da fome — também chamada de inverno — vai começar. Serão meses com árvores sem folhas, o solo coberto pela neve. Esse é um momento crítico para os animais. Ou eles se empanturraram durante o verão ou não sobreviverão ao inverno. Mamíferos e larvas de insetos devoram as últimas folhas verdes, pois sabem que assim que elas secarem acaba o alimento.

Essa regra não se aplica ao caso de um único inseto. Nas folhas que estão sendo devoradas pelas larvas da mariposa *Phyllonorycter blancardella*, é possível observar um fenômeno estranho. Apesar de a folha já estar totalmente amarela, a área em volta das famintas larvas permanece verde e exuberante, como se a planta houvesse decidido ser piedosa, deixando que a larva se alimente por mais alguns dias. Ao permitir que continuem a se alimentar, a árvore está efetivamente alongando o verão para essas larvas, aumentando suas chances de sobreviver. Agora os cientistas descobriram como a mariposa "convence" a árvore a retardar a morte das folhas.

Muitas pessoas imaginam que é o frio que mata as folhas no outono, mas isso não é verdade. O processo de amarelecimento e queda das folhas é sofisticado e bem conhecido. As árvores percebem que o outono está chegando porque os dias vão ficando mais curtos. Esse sinal dispara o processo de interrupção da fotossíntese e, logo em seguida, é iniciado o transporte dos nutrientes presentes nas folhas para o caule. Seria um desperdício derrubar folhas repletas de nutrientes. Quando a folha está vazia e somente seu esqueleto continua pendurado na árvore, outro mecanismo provoca o aparecimento de uma zona mais fraca na haste da folha que termina por se romper, permitindo que as folhas se soltem. Esses processos são controlados por hormônios produzidos pela planta. Os cientistas suspeitavam que as larvas dessa mariposa interferiam nesse processo. Mas seriam as larvas ou as bactérias que residem no intestino das mariposas as responsáveis pelo halo verde?

Para testar essa hipótese, cientistas coletaram um grande número de larvas que foram divididas em dois grupos. O primeiro grupo foi tratado com antibióticos capazes de matar as bactérias presentes no intestino das larvas. As larvas tratadas com antibiótico formaram casulos que deram origem a mariposas, que também foram tratadas e por fim botaram ovos que, ao eclodirem, deram origem a larvas que não continham bactérias no seu intestino. O segundo grupo de larvas não foi tratado com antibióticos, o que resultou em larvas semelhantes às encontradas na floresta. No ano seguinte, esses dois grupos de larvas foram colocados na superfície das folhas para que se alimentassem até o final do outono. O resultado foi simples: as larvas tratadas com antibióticos eram incapazes de induzir o halo verde à sua volta e tinham que terminar seu ciclo alimentar assim que a folha caducava; já as larvas contendo as bactérias eram capazes de retardar o processo de morte das folhas. A conclusão é que as bactérias presentes no intestino das larvas controlam o metabolismo das folhas.

Essa descoberta demonstra que as larvas "lucram" com a presença das bactérias em seu intestino, pois com elas podem se alimentar por mais tempo. Larvas capazes de "cultivar" seu relacionamento com as bactérias têm mais chances de sobreviver e, portanto, foram selecionadas ao longo dos anos. As bactérias capazes de controlar o envelhecimento das folhas também "lucram" com esse casamento, pois, ao se tornarem importantes para a sobrevivência das larvas, garantem que serão sempre bem recebidas no intestino de seu hospedeiro. Mas será que as plantas são somente vítimas dessas bactérias capazes de *hackear* seu sistema hormonal ou também se beneficiam desse relacionamento?

Exemplos como esse demonstram quão rica e complexa é a teia de interações nos ecossistemas. É pena que muitas dessas espécies serão exterminadas por nós antes de revelarem seus segredos mais íntimos.

*Mais informações em: "Plant green-island phenotype induced by leaf-miners is mediated by bacterial symbionts".* Proceedings of the Royal Society B., v. 277, p. 2311, 2010.

# 14. Um vírus capaz de provocar o suicídio

Pais forçam filhos a lavar as mãos e governos levam pessoas a morrer pela pátria. São exemplos de como uma pessoa é capaz de determinar o comportamento de outra. Normalmente não pensamos que o comportamento do filho é o resultado de genes presentes no pai agindo sobre ele. Preferimos falar em convencimento, autoridade ou persuasão. Mas, quando esse fenômeno é observado entre animais de diferentes espécies, fica difícil imaginar que o comportamento induzido não resulte da ação direta de genes. A capacidade de um gene, localizado em um ser vivo, de agir sobre outro ser vivo foi proposta inicialmente por Richard Dawkins, que chamou o fenômeno de fenótipo estendido. Muitas pessoas duvidavam da existência desses genes. Agora, pela primeira vez, um deles foi isolado e caracterizado.

No final do século XIX, cientistas alemães observaram um comportamento estranho nas lagartas de uma espécie de mariposa chamada *Lymantria dispar*. Lagartas normais passam a noite se alimentando de folhas na copa das árvores. Antes do amanhecer, elas descem e se escondem. Esse comportamento evita que elas sejam devoradas pelos pássaros. Mas, algumas vezes, as lagartas parecem enlouquecer. Antes do raiar do dia, elas vão para o topo das árvores, agarram-se às folhas e ficam imóveis esperando a morte, que chega pelo bico de um pássaro. Décadas mais tarde, foi descoberto que as larvas "enlouquecem" após serem infectadas por um baculovírus.

Do ponto de vista do vírus, o comportamento suicida das larvas é perfeito. Após o vírus ter se multiplicado em seu interior, elas rumam para o topo das árvores e esperam. As aves comem as larvas infectadas, levando o vírus para outras árvores. E ele se espalha rapidamente pela floresta. Se a larva infectada morre no seu esconderijo diurno, a disseminação do vírus é lenta, pouco eficiente. Parece que ele "convence" a larva a mudar seu comportamento. Mas como isso é possível? Seguramente, não rola um papo entre vírus e larva.

Quando cientistas sequenciaram o genoma do baculovírus, descobriram um gene estranho, que parecia não ser necessário para a sobrevivência do vírus. Esse gene, chamado de EGT, produzia uma enzima capaz de inativar o hormônio 20-hydroxyecdysona, que controla o desenvolvimento das larvas. Quando a quantidade desse hormônio aumenta, a larva se transforma em uma pupa, produzindo o casulo do qual emerge a mariposa adulta. Os cientistas imaginaram que talvez o aumento e a diminuição diária dos níveis desse hormônio, antes da pupação, seriam os responsáveis pela migração da larva para a copa da árvore ao anoitecer e por sua volta para o esconderijo ao amanhecer. Será que o vírus, destruindo o hormônio no hospedeiro, estaria manipulando seu comportamento, induzindo a larva ao suicídio?

Para testar essa hipótese, cientistas construíram baculovírus recombinantes em que o gene EGT foi inativado. O vírus modificado foi capaz de infectar a larva e se reproduzir normalmente. Mas as larvas infectadas acabavam morrendo, cheias de vírus, não no topo das árvores, mas em seu esconderijo, longe das aves. Esse resultado demonstra que o baculovírus carrega em seu genoma um gene cuja única função é destruir o hormônio que controla o comportamento das larvas, forçando sua exposição às aves famintas. Esse gene não apenas altera o comportamento delas, mas indiretamente induz as aves a comer as larvas e espalhar o vírus. Nada mal para um vírus que não possui um cérebro e não tem MBA em estratégia de marketing. Provavelmente o que ocorreu é que uma cópia do gene EGT acabou inserida acidentalmente no genoma de um baculovírus em algum momento do passado. O vírus com esse novo gene, por se reproduzir mais rápido, acabou se tornando o baculovírus predominante nas florestas europeias.

À medida que mais espécies tiverem seus genomas sequenciados, mais exemplos de genes com fenótipos estendidos serão descobertos. Será que os genes que permitem que o cérebro de um pai argumente com seu filho — e o induza a lavar as mãos antes do almoço — não podem ser considerados genes com fenótipos estendidos? E os genes que permitem a um recém-nascido emitir um choro capaz de fazer os pais correrem até o berço? Eles podem ser considerados genes com fenótipo estendido?

*Mais informações em: "A gene for an extended phenotype". Science, v. 333, p. 1401, 2011.*

## 15. Plantas conversam com insetos

Vegetais não gemem, estrebucham ou suplicam por clemência quando são sacrificados para saciar nossa fome. Isso explica por que muitas pessoas que criticam a criação e o abate de animais não têm pruridos em mastigar órgãos sexuais ainda vivos (brócolis), engolir embriões em pleno desenvolvimento deixando a tarefa de matá-los para os sucos gástricos (brotos de feijão), ou picotar o corpo que ainda respira de diversos vegetais (saladas em geral). Nossa ilusão de que os vegetais não se expressam e não possuem mecanismos sofisticados para resistir à morte se deve ao fato de que a comunicação deles não é através de sons ou gestos, mas de moléculas químicas, cheiros e hormônios que muitas vezes sinalizam seu desconforto ou tentam repelir ataques. Recentemente foi elucidada a sofisticada comunicação entre uma couve-de-bruxelas, uma borboleta que adora devorar suas folhas e uma vespa que se alimenta das larvas da borboleta.

A couve-de-bruxelas (*Brassica oleracea*) está feliz tomando sol em seu jardim quando pousa sobre ela uma linda borboleta branca (*Pieris brassicae*). A borboleta deposita sobre as folhas seus ovos fecundados, uma verdadeira ameaça para a couve, pois os ovos logo se transformarão em larvas famintas que a devorarão rapidamente. Durante dois dias, nada ocorre; mas, no terceiro dia, como por milagre, os ovos são localizados por uma vespa altamente especializada. Essa vespa (*Trichogramma brassicae*) injeta seus próprios ovos dentro dos ovos da borboleta. As larvas da vespa se alimentam do conteúdo dos ovos da borboleta, matando-os. O resultado é que a couve se safa das famintas larvas da borboleta. A morte passou perto.

Esse jogo entre a couve, a borboleta e a vespa pode parecer uma simples cadeia alimentar, mas faz anos que se descobriu que por trás dele está uma complexa rede de comunicação. A primeira descoberta é que a vespa é avisada sobre a localização dos ovos da borboleta. Essa comunicação ocorre através de um cheiro, uma molécula volátil detectada pela vespa. Sem entender por que os ovos da borboleta "avisariam" as vespas, cientistas foram investigar o fenômeno e descobriram que, na verdade, quem emite o cheiro não são os ovos, mas a folha de couve onde eles foram depositados. Na realidade, o sistema é bastante sofisticado: a planta "percebe" que os ovos foram depositados e "espera" dois dias antes de emitir o cheiro que atrai as vespas. Essa espera se deve ao fato de que os ovos da borboleta só podem ser infectados pela vespa depois de começarem a se desenvolver, o que leva dois dias. A conclusão é que a couve "sabe" que corre o risco de ser devorada; então, sem mãos para remover os ovos, desenvolveu um método para atrair o inimigo de seu inimigo e assim evitar o ataque das larvas de borboleta.

Mas a história é mais complicada, e agora os cientistas descobriram como a planta "sabe" que a borboleta colocou os ovos nas suas folhas. O líquido que envolve os ovos contém uma molécula chamada *benzyl cyanide*. Ela "comunica" à folha que foi atacada, desencadeando a resposta que leva à atração das vespas.

O interessante é que a borboleta não pode se "disfarçar" deixando de produzir o bc, porque ele é fabricado pelo macho da borboleta, que injeta o produto na fêmea durante o ato sexual. A fêmea, por sua vez, o libera junto com os ovos fecundados. Mas por que o macho injeta bc nas fêmeas? Esse composto é um antiafrodisíaco, usado pelo macho para "avisar" outros machos que aquela fêmea já foi fecundada, evitando que "gastem tempo" e espermatozoides com ovos já fecundados. O cheiro, que é entendido por outros machos de borboleta como "sai pra lá!", é interpretado pela couve como "cuidado, ovos mortais nas minhas folhas!" e provoca a liberação de outra mensagem que "avisa" as vespas da presença dos ovos de borboleta.

Da próxima vez que você mastigar uma couve-de-bruxelas, lembre-se de que está matando um ser que é capaz de receber e enviar mensagens, bem como de pedir ajuda quando ameaçado de morte. *Bon appétit!*

*Mais informações em: "Male-derived butterfly anti-aphrodisiac mediates induced indirect plant defense".* Proceedings of the National Academy of Sciences of the usa, v. 105, p. 10 033, 2008.

# 16. Troca de favores entre pulgões, bactérias e vírus

Os agricultores têm razões para não gostar dos pulgões. A maioria vive camuflada sob as folhas, sugando a seiva através de um poderoso sifão. É assim que vive o *Acyrthosiphon pisum*, um pulgão que infesta as plantações de ervilha. Muito antes de ser combatido pelos agricultores, o *Acyrthosiphon* já enfrentava seu inimigo natural: a vespa *Aphidius ervi*. Essa vespa, duas vezes maior que o pulgão, imobiliza a vítima. Então, quando você imagina que ela vai picar o pulgão e sugar o bichinho até deixá-lo seco, a vespa dobra o abdome para a frente e, por entre as patas, usa seu ovopositor — um apêndice que parece uma seringa — para depositar no interior do pulgão um ovo fecundado. Após a injeção, ela liberta o bichinho. Mal sabe o pulgão que, horas depois, esse ovo vai eclodir e a larva da vespa vai se desenvolver no seu interior, comendo o bichinho por dentro. Gorda e bem alimentada, a larva acaba por matar o pulgão, emergindo de seu cadáver.

Mas se você imagina que os pulgões são vítimas indefesas das vespas, incapazes de uma reação, está subestimando o poder da seleção natural. Durante milhares de anos, os pulgões desenvolveram uma aliança bélico-estratégica com uma bactéria chamada *Hamiltonella defensa*, que vive no interior do pulgão e, ao longo da evolução, criou uma relação extremamente íntima com seu hospedeiro. A intimidade é tanta que o inseto permite que a bactéria participe de seu ato sexual. Quando o espermatozoide de um pulgão se funde a um óvulo de um pulgão-fêmea, a bactéria *Hamiltonella* está presente e espertamente infecta de imediato o ovo a partir do qual vai se desenvolver a cria. O filho pulgão já nasce com a bactéria dentro dele. Dessa maneira, a *Hamiltonella* se perpetua no interior dos pulgões.

É fácil entender como a bactéria se beneficia de sua relação com o pulgão. Mas que vantagem leva o pulgão em abrigar a bactéria no seu interior? Simples, a *Hamiltonella* é capaz de matar as larvas parasitas. A taxa de sobrevivência dos ovos da vespa no interior de pulgões que possuem a bactéria *Hamiltonella* é de somente 10%. Mas, se você criar pulgões livres da bactéria, 85% dos pulgões infectados são mortos pelas larvas. O acordo entre o pulgão e a bactéria é o seguinte: "Eu alimento você; mas, em troca, tem que matar as larvas de vespa assim que forem injetadas dentro de mim".

Agora foi descoberto que esse acordo envolve mais um ser vivo: um vírus que vive no interior da *Hamiltonella*. Cientistas descobriram que a *Hamiltonella* mata as larvas da vespa utilizando uma toxina muito poderosa. O problema é que eles também descobriram que o gene para a produção dessa toxina não está no genoma da bactéria, mas sim no genoma de um vírus que vive dentro dela. Quando eles trataram as bactérias e removeram o vírus, descobriram que, sem ele, a bactéria não é capaz de matar as larvas de vespa. Mas basta reinfectar as *Hamiltonellas* com o vírus para elas se tornarem eficazes matadoras de vespas.

A conclusão é que a bactéria tolera a presença do vírus no seu interior, pois ele permite que ela se torne letal para as larvas de vespas. Sendo letal para as larvas, a presença da bactéria no interior dos pulgões também é tolerada. E, assim, os três organismos — o vírus, a bactéria e o pulgão — colaboram no combate às larvas de vespa. Ganha o pulgão que fica protegido das vespas, ganha a bactéria que possui um lar dentro do pulgão e ganha o vírus que possui um lar dentro da bactéria. É um belo exemplo de um tipo de simbiose que os biólogos chamam de *mutualismo*.

*Mais informações em: "Bacteriophages encode factors required for protection in a symbiotic mutualism".* Science, v. 325, p. 992, 2009.

# III. OUTROS BICHOS

# 1. A beleza acústica das flores

A cor de uma margarida, o perfume de uma rosa e a elegância de uma orquídea não existem para agradar seres humanos. Flores deslumbrantes surgiram para atrair a atenção dos insetos que, em troca de um gole de néctar, transportam seu pólen. O fato de gostarmos de flores demonstra que nosso senso estético tem mais em comum com o dos insetos do que gostamos de admitir. Mas existem plantas que, em vez de recrutar insetos, utilizam morcegos para transportar seu pólen. Apesar de mais raros que os insetos, esses mamíferos voam distâncias maiores, permitindo que as plantas façam sexo com parceiros distantes. Fazia tempo que os cientistas se perguntavam como plantas conseguem atrair morcegos que voam no escuro e quase não utilizam a visão. Agora esse segredo foi descoberto.

Flores são os órgãos sexuais das plantas superiores (pense nisso antes de amputar uma rosa e colocá-la num vaso). Geralmente, elas produzem o gameta masculino, chamado de pólen (o equivalente ao nosso espermatozoide), e o gameta feminino, chamado de óvulo. Para evitar a autofertilização, a produção de pólen e óvulos ocorre em momentos distintos da vida de uma flor. Assim, para fazer sexo, as plantas precisam enviar seu pólen até a flor de uma planta vizinha. Como plantas não caminham pela floresta, o transporte do pólen é feito pelo vento, pelos insetos ou morcegos.

Nas florestas de Cuba, vive uma das plantas que utiliza um morcego para transportar pólen. Como era de esperar, as flores da *Marcgravia evenia* não são lindas ou perfumadas, mas são adoradas pelos morcegos. Faz tempo que os botânicos descobriram que essa planta exibe folhas modificadas ao redor da flor. Da mesma maneira que as margaridas possuem folhas modificadas (de cor amarela) ao redor do centro da flor, a *Marcgravia* possui folhas com forma de antenas parabólicas. Instigados pelo formato das folhas modificadas e pelo fato de a parte interna delas estar sempre voltada para a direção utilizada pelos morcegos para se aproximar, os cientistas imaginaram que talvez essas antenas tivessem a função de atrair os morcegos.

Para testar a ideia, utilizaram um equipamento que envia sinais sonoros semelhantes aos emitidos pelos morcegos e tem microfones que captam o som refletido pelos objetos. Quando esse equipamento foi utilizado para analisar as folhas modificadas, eles observaram que o formato de antena parabólica fazia o som se refletir de maneira peculiar. O sinal refletido era sempre o mesmo, independentemente do local de onde o som era emitido. Em outras palavras, para um morcego que estivesse voando nas proximidades, o sinal refletido pela folha modificada era o mesmo, caso ele se aproximasse da árvore pela esquerda, pela direita, por baixo ou por cima. Além disso, a folha produzia um padrão de eco especialmente fácil de ser detectado pelos morcegos, mesmo a uma grande distância, na presença de outras superfícies refletoras de som. Tudo isso sugeria que essa folha em forma de antena seria facilmente percebida e identificada pelo sonar dos morcegos, da mesma forma que uma flor vistosa e cheirosa é identificada pelos insetos.

Para comprovar essa teoria, um grupo de morcegos foi treinado para se alimentar de bebedouros pendurados em diversos tipos de árvore. Depois que os morcegos se habituaram a utilizá-los no escuro, os bebedouros foram divididos em dois grupos. No primeiro, uma folha normal foi amarrada ao bebedouro. No segundo, amarraram uma das folhas em forma de antena parabólica. Feito isso, os morcegos foram soltos. Os cientistas mediram o tempo que os morcegos levavam para localizar o bebedouro utilizando o sonar. Descobriram que, no caso dos bebedouros com a folha em forma de antena, os morcegos levavam um tempo 60% menor para localizá-los. Era como se os bebedouros com antenas parabólicas brilhassem no escuro. O eco emitido provavelmente atraía os morcegos de forma irresistível. Esses experimentos sugerem que as folhas modificadas brilham no sonar dos morcegos da mesma forma que as cores das flores brilham no sistema visual dos insetos.

Como não possuímos sonar, é impossível apreciarmos essa estética sonora e compartilhar com os morcegos o prazer de ouvir o eco de plantas auditivamente tão belas. Quem me dera poder ouvir flores nas florestas de Cuba!

*Mais informações em: "Floral acoustics: Conspicuous echoes of a dish-shaped leaf attract bat pollinators". Science, v. 333, p. 631, 2011.*

## 2. Como os morcegos ouvem uma fruta

Quando vamos abrir uma porta, nosso cérebro usa a visão para orientar nossos movimentos. Os olhos se fixam na maçaneta e os centros motores do cérebro ativam diferentes músculos, de modo que nosso corpo se movimente em direção à porta e a mão toque a maçaneta. Mas como será que os morcegos usam a informação fornecida pelo seu sonar para voar no escuro em direção a um alvo? Foi descoberto que o método é diferente do que utilizamos para nos movimentar orientados pela visão.

O estudo foi feito com uma espécie de morcego que se alimenta de frutas. Esse morcego emite a cada cem milissegundos dois pulsos sonoros. Esses sons, que são ouvidos por nós como se fossem cliques, são emitidos pela boca em direção ao espaço que se localiza na frente do animal. Eles refletem nos objetos e são captados pelos ouvidos. Com base no eco escutado, o morcego determina a posição dos objetos.

Para estudar como o morcego direciona o sonar ao tentar se aproximar de um objeto (do mesmo modo que direcionamos nosso olhar em direção à maçaneta), foi construída uma sala totalmente escura com dezenas de microfones instalados nas paredes laterais, no teto e no piso. Além dos microfones, as paredes continham detectores de radiação infravermelha. No interior da sala foi colocado um galho de árvore com uma fruta. O morcego, com um aparelho que emitia ondas de infravermelho preso ao corpo, era solto na sala escura e imediatamente voava até o galho e comia a fruta. Durante esse voo até a fruta, a posição do morcego a cada centésimo de segundo era calculada por um computador que utilizava a informação captada pelos detectores de infravermelho. Além de saber a posição exata do morcego a cada instante, os microfones nas paredes detectavam todos os sons emitidos pelo sonar do animal. Como havia microfones por todas as paredes, o computador também calculava em que direção o morcego havia emitido cada clique durante o voo.

O resultado dessas medidas pode ser representado em uma linha que mostra o caminho percorrido pelo morcego e pequenas flechas indicando, em cada ponto da linha, a direção em que o morcego estava emitindo seus sinais de sonar. Se esses mesmos dados fossem coletados para uma pessoa se dirigindo a uma porta, o que obteríamos seria uma linha reta desse movimento e pequenas setas indicando a cada momento que os olhos da pessoa estariam dirigidos em direção à maçaneta.

No caso dos morcegos, os cientistas observaram que eles voam inicialmente em curva, emitindo sons em todas as direções. Logo em seguida, ao localizarem a fruta, o voo segue reto em direção a ela até que eles pousem no galho. Mas a grande descoberta é que, durante esse voo, o sonar não fica apontado (emitindo cliques) diretamente para a fruta: ele aponta em um momento para a esquerda dela, em seguida para a direita, alternando um clique para cada lado da fruta. É como se, ao nos dirigirmos para a maçaneta, nunca olhássemos direto para ela, mas alternadamente para um ponto à sua esquerda e para outro à sua direita.

Os cientistas acreditam que esse método otimiza a informação fornecida pelo sonar. A razão é simples. Se o sonar estivesse diretamente focado na fruta no momento em que um clique fosse emitido, caso o eco do clique seguinte fosse mais fraco, o cérebro poderia interpretar essa diminuição na intensidade do eco de duas maneiras: "a fruta ficou mais à direita: tenho que corrigir o voo para a esquerda" ou "a fruta ficou mais à esquerda: tenho que voar mais para a direita". Mas, como o cérebro do morcego "sabe" que o clique número um estava à esquerda do alvo, se o clique número três — que também deveria estar à esquerda — ficar mais forte, isso significa que o alvo se aproximou da direção do sinal, o que remove a ambiguidade na interpretação do sinal de sonar, aumentando sua eficiência.

Esses resultados demonstram que o morcego usa o sonar de maneira diferente de como usamos a visão. Mas talvez o mais importante é que esses resultados mostram como é difícil (talvez até impossível) para nós, humanos, imaginarmos o que passa pela mente de um morcego enquanto ele voa no escuro "ouvindo" (seria essa a palavra correta?) a fruta que deseja comer.

*Mais informações em: "Optimal localization by pointing off axis". Science, v. 327, p. 701, 2010.*

# 3. Temos vagas para morcego

Nas florestas de Bornéu vive uma planta carnívora chamada *Nepenthes hemsleyana*. Como você vai ver, a relação que essa planta possui com insetos e morcegos é nefasta, amorosa, complexa e sofisticada.

Plantas e insetos se ajudam. Elas produzem flores coloridas e cheirosas que atraem os insetos, e eles se aproximam para consumir o néctar açucarado. Mas, ao consumirem o néctar, os insetos se lambuzam de pólen (o espermatozoide das plantas) e, ao visitarem outras flores, carregam o pólen que fertiliza os óvulos delas. A planta paga com néctar o serviço de polinização e, para aumentar a eficiência dessa troca, investe em propaganda, produzindo flores vistosas e cheirosas. Mas tudo isso é muito simples quando comparado ao que acontece na floresta de Bornéu.

A *Nepenthes* possui abaixo de sua flor uma estrutura que parece um jarro com tampa, formada por estruturas semelhantes às pétalas que se fecham. No interior do jarro, os insetos encontram o néctar e o pólen. Mas precisam ser rápidos e cuidadosos. No fundo do jarro, acumula-se um líquido doce e mortal: além do açúcar, é viscoso e possui enzimas poderosas. Se o incauto inseto cair nesse líquido, a tampa se fecha e ele é digerido. É por isso que a *Nepenthes* é uma planta carnívora, pois ela digere o inseto para obter o nitrogênio, que é escasso no solo da floresta. Transforma inseto em adubo.

Há muitos anos, cientistas observaram um fenômeno surpreendente. Ao cair da noite, muitas vezes a tampa da *Nepenthes* se abria e, de dentro do jarro, emergia um pequeno morcego chamado *Kerivoula hardwickii*. O morcego havia passado o dia descansando no escurinho da armadilha usada pela planta para capturar insetos. No início, os cientistas acharam que o morcego estava dando uma de espertinho, tirando proveito da planta. Mas logo perceberam que havia uma troca entre os dois. Durante o tempo em que ficava no interior do jarro, o morcego defecava; suas fezes, ricas em nitrogênio, serviam como alimento para a planta, pois caíam no líquido viscoso e eram processadas junto com os insetos mortos. Descobriram que o morcego estava pagando sua hospedagem com adubo. Uma relação de ganha-ganha. Mas ficou uma questão: como o morcego localizava seu hotel no meio da noite?

Os cientistas imaginaram que talvez a boca do jarro pudesse ser identificada no escuro pelo sistema de ecolocalização dos morcegos. Para testar essa hipótese, levaram as flores para o laboratório e, usando um equipamento que mimetiza o sistema de ecolocalização do morcego, analisaram as propriedades acústicas da flor e do jarro. Eles enviaram pulso de som em direção à flor e captaram o eco produzido. Para surpresa dos cientistas, a tampa do jarro e sua entrada funcionam exatamente como uma concha acústica, refletindo o som de maneira a sinalizar para o morcego a localização da entrada do orifício. Além de fazer os testes com a flor original, os cientistas fizeram pequenas cirurgias nas flores, para alterar a forma da tampa do jarro, mudando suas características de reflexão acústica. Assim, demonstraram que o sinal acústico refletido pela planta dependia da forma do jarro e da tampa.

Num último experimento, colocaram as plantas dentro de uma grande gaiola escura na presença de morcegos. Nesse aparato, os cientistas podiam saber exatamente quanto tempo os morcegos demoravam para descobrir a planta e a rota que eles usavam para se aproximar do jarro onde iam dormir. E descobriram que, quando usavam a flor não operada, os morcegos encontravam a planta rápido e voavam exatamente na trajetória em que a concha acústica da planta focalizava o eco do sinal emitido pelos morcegos. Mas, quando os morcegos eram desafiados a encontrar as plantas modificadas pela cirurgia, a tarefa era muito mais difícil. Eles levavam mais tempo para localizar a planta e, quando se aproximavam, tinham que dar várias voltas até localizar a entrada. Ou seja, as plantas operadas, onde a concha acústica da flor havia sido alterada, ficavam quase "invisíveis" para o sistema de ecolocalização que os morcegos usam no escuro.

A conclusão desse estudo é que a flor, o jarro e a tampa da *Nepenthes* funcionam como uma concha acústica para atrair o morcego. Da mesma maneira que uma flor normal usa as cores e os cheiros para atrair insetos, essa planta carnívora usa uma concha acústica para atrair morcegos no escuro. Assim, no escuro das florestas de Bornéu, existem plantas que anunciam constantemente: "Temos vagas para morcegos, aceitamos fezes como pagamento pelo pernoite". Ainda não se sabe se esses hotéis aceitam casais.

*Mais informações em: "Bats are acoustically attracted to mutualistic carnivorous plants". Current Biology, v. 25, p. 1911, 2015.*

## 4. Como o gato bebe água

A mão largou o violão e abraçou o copo. Foi num show de Caetano Veloso. O copo tocou os lábios e, assim que o pomo de adão voltou a sua posição inicial, indicando o fim do gole, ouvi um sussurro feminino suficientemente alto para também ser ouvido do palco: "Gato!". Foi essa a lembrança que me veio à mente ao ler o relato de como os verdadeiros gatos, aqueles com quatro patas e sete vidas, bebem água. O método utilizado por esse animal, tão elegante e arredio quanto o cantor na imaginação de suas fãs, é muito mais sofisticado que o utilizado pelos seres humanos. E, apesar de ter sido observado por milhões de seres humanos nos últimos milênios, somente agora foi investigado pelos cientistas.

Todos os animais necessitam de água. A maioria vive nos mares e rios e não precisa lidar com a força da gravidade. Cercados de água, basta abrirem um orifício para serem inundados. Mas para a minoria, que vive no ambiente terrestre, a gravidade é um problema. A água, como todo líquido que se preza, acumula no fundo dos recipientes, um copo, lago ou rio, e necessita ser transportada para o interior da boca contra a força da gravidade.

Poucos, como nós, podem contar com a ajuda das mãos. Muitos aspiram a água, seja com o nariz (elefantes), seja com a boca (cavalos, vacas, ovelhas). Outros, como os cães e felinos, são incapazes de controlar seus lábios de modo a fechá-los completamente. Para esses animais, aspirar ou chupar o líquido é impossível. A solução é utilizar a língua. Os cães mergulham a língua no interior do líquido e a dobram para a frente, de modo que ela se assemelhe a uma colher, depois levantam rapidamente a língua e jogam parte da água no interior da boca. O restante se espalha em volta do animal e o resultado é sempre espalhafatoso, barulhento e um tanto caótico. Quem já observou um gato beber água, discreto e elegante, talvez tenha se perguntado como cada movimento da língua leva água ao interior da boca.

Cientistas dos departamentos de engenharia do MIT e de Princeton, duas das melhores universidades dos Estados Unidos, filmaram diversos gatos bebendo água com câmeras de vídeo de alta velocidade. Durante a ingestão da água, a língua sai da boca, toca levemente a superfície da água e volta para o interior da boca. Isso ocorre quatro vezes por segundo, mas — como entre cada movimento a língua permanece por cem milissegundos no interior da boca — o ciclo de sair, tocar a água e voltar para a boca leva aproximadamente 150 milésimos de segundo.

Com uma câmera de alta velocidade, é possível observar pausadamente tudo o que ocorre nesses 150 milissegundos. O gato posiciona a boca três centímetros acima do nível da água (todos os gatos usam a mesma altura). Primeiro a língua desce em direção à água numa velocidade que chega a 50 cm/s. Depois de quase cinquenta milésimos de segundo, a ponta da língua, dobrada para trás, toca a superfície da água sem penetrá-la. O toque dura menos de dois milissegundos e, imediatamente, a língua é recolhida em direção à boca do gato, subindo com uma velocidade máxima de 78 cm/s. Durante a volta da língua, forma-se uma coluna de água, que liga a ponta da língua à superfície da água. Essa coluna se rompe quando a língua está quase na boca do gato, e a maior parte da água presente na coluna volta para o recipiente — mas, como a coluna de água se rompe entre a língua e a superfície do líquido, parte da coluna (uma gota) fica aderida à superfície da língua e é ingerida. Assim, gota a gota, coletadas quatro vezes por segundo, o gato abate sua sede, silenciosamente, sem espirrar água em sua volta.

Com base nos dados coletados a partir da análise dos filmes, os cientistas construíram um cilindro, cuja superfície é idêntica à da língua, capaz de baixar, tocar a água e subir novamente, imitando a língua de um gato. Com essa engenhoca, eles puderam simular o que ocorria se operassem a língua mais rápido ou mais devagar que o gato e também a diferentes distâncias da superfície da água. Perceberam que a distância e a velocidade com que o gato movimenta sua língua são o que produzem a maior gota de água quando ela entra na boca. Ou seja, o gato "descobriu", ao longo da evolução, como otimizar esse mecanismo capaz de transportar água para a boca. Os cientistas também determinaram que a inércia da água é o fator determinante nesse processo e que a natureza do líquido e da superfície da língua tem pouca influência na eficácia do processo. É por isso que esse método serve para beber água, leite ou mingau. Agora os engenheiros estão testando essa língua artificial como parte de um robô capaz de transportar quantidades precisas de líquidos.

Se o suspiro da fã mudou minha maneira de observar Caetano Veloso, essa descoberta aumentou meu prazer de observar um verdadeiro gato bebendo água. É para isso que serve a ciência.

*Mais informações em: "How cats lap: Water uptake by* Felis catus*". Science, v. 330, p. 1231, 2010.*

# 5. As curvas de um guepardo

O guepardo é o mais rápido dos animais, atingindo 105 quilômetros por hora. Mas até então não conhecíamos sequer a metade da capacidade atlética de um guepardo, agora revelada em um estudo cuidadoso e detalhado.

Cientistas ingleses construíram uma coleira capaz de fornecer informações sobre a locomoção dos guepardos. Ela contém um GPS, um acelerômetro (capaz de medir aceleração e desaceleração), um giroscópio (que detecta mudanças de direção), um chip de memória para guardar os dados antes de serem enviados por um rádio, duas baterias elétricas para fazer funcionar o sistema, e uma célula solar para carregar as baterias. Tudo em uma coleira que pesa 340 gramas.

A coleira foi testada em um cachorro numa praia deserta, o que permitiu correlacionar os dados coletados pela coleira com as marcas das patas deixadas na areia. A precisão do sistema é de vinte centímetros e menos de um décimo de segundo. Isso quer dizer que é possível utilizar os dados enviados pela coleira para saber onde o animal está (com um erro de vinte centímetros) e em que momento (com um erro menor que um segundo). Quando esses dados são sobrepostos em imagens de satélite, é possível determinar se durante uma corrida o animal passou pelo lado esquerdo ou direito de uma árvore que estava em seu caminho.

Três guepardos-fêmeas e dois machos, que vivem em Botswana, foram anestesiados e receberam coleiras. Durante dezessete meses, essas coleiras enviaram sinais para os cientistas. A partir desses dados, foi possível estudar detalhadamente 367 perseguições.

Quando a caçada é um sucesso, o guepardo passa os momentos seguintes sacudindo a cabeça para matar e devorar a presa. Como esse movimento pode ser detectado pela coleira, é possível saber quando a perseguição foi bem-sucedida, o que ocorre em 26% das tentativas. Cada tentativa de capturar a presa envolve, em média, uma corrida de 173 metros, sendo que a mais longa observada foi de 559 metros. Os guepardos tentam capturar uma presa, em média, 1,3 vez ao dia e, portanto, matam uma presa a cada três dias. Mas eles andam muito para procurar as presas: seis quilômetros diários.

O mais interessante é o que ocorre durante as caçadas. Ela começa com uma aceleração quase instantânea que leva o animal a uma velocidade de 33 quilômetros por hora em menos de um segundo. Desse ponto em diante, a velocidade cresce até quase oitenta quilômetros por hora, mas não de maneira linear. Durante a corrida, ela desacelera e acelera bruscamente cinco a dez vezes. Essas mudanças bruscas de velocidade ocorrem quando o animal muda de direção, o que acontece diversas vezes nos vinte segundos de perseguição. As medidas indicam que o guepardo é capaz de desacelerar muito mais rapidamente do que é capaz de acelerar. No final da corrida, o animal faz uma grande curva de quase 180 graus, e então a presa é capturada. O que mais impressionou os cientistas foi o fato totalmente inesperado de os animais serem capazes de mudar de direção tão rapidamente e em alta velocidade, algo que nunca havia sido registrado em nenhum outro ser vivo. Outra observação interessante é que as caçadas ocorrem geralmente antes de o sol nascer ou depois do pôr do sol. Por esse motivo, as caçadas que foram filmadas até hoje provavelmente não são uma boa amostragem do que um guepardo é capaz. Os cientistas concluíram que os guepardos não utilizam sua velocidade máxima na maioria das caçadas, mas sempre usam sua capacidade de frear, acelerar e fazer curvas rápidas.

Todos esses dados sugerem que os guepardos não correm diretamente na direção da presa, mas fazem uma espécie de zigue-zague do lado e atrás dela na primeira etapa da caçada. Em seguida aceleram muito, ultrapassam a presa ou fazem uma curva mais fechada que a dela para ganhar terreno, alcançando-a pelo lado ou quase de frente. Em outras palavras, o guepardo não corre simplesmente atrás de uma gazela e a vence na corrida, mas utiliza uma estratégia muito mais sofisticada, que envolve a desorientação do que ele caça e sua capacidade de fazer curvas mais fechadas para se aproximar do alvo.

A conclusão é que os guepardos são atletas muito mais sofisticados do que imaginávamos. Acabou a ideia de que são exímios corredores. Eles são capazes de acelerar e desacelerar rapidamente, além de fazer curvas fechadas em altas velocidades, e é a combinação dessas habilidades que permite que sejam caçadores eficientes.

Agora os cientistas planejam usar essas coleiras para analisar animais que caçam em grupo e somam esforços para capturar a presa, como os leões. Tudo indica que nos próximos anos vamos aprender muito sobre a estratégia de caça dos felinos.

*Mais informações em: "Locomotion dynamics of hunting in wild cheetahs". Nature, v. 498, p. 185, 2013.*

# 6. Um rato que troca a pele pela vida

Você já tentou pegar uma lagartixa pelo rabo? Na hora em que você o agarra e vai levantar a lagartixa, ela se solta do rabo e sai correndo. Você fica com aquela ponta na mão e com cara de trouxa. É assim que ela escapa dos predadores: entrega o rabo e preserva a vida. O mais interessante é que ele se regenera ao longo de semanas e rapidamente ela fica como nova, pronta para reagir a um novo ataque.

Outros répteis, como as salamandras, podem deixar para trás uma perna inteira. Semanas depois, uma perna nova aparece no lugar. Nos últimos cem anos, esses processos dos répteis têm sido investigados detalhadamente. A esperança dos cientistas era não só entender como a perda e a regeneração ocorrem, mas talvez utilizar esse aprendizado para tentar melhorar o processo de cicatrização no ser humano. Não seria ótimo se fosse possível induzir a regeneração de membros perdidos? Lula teria de volta seu dedo e talvez a história do Brasil tivesse se desenrolado de outra maneira.

Nas últimas décadas, foi descoberto que o processo de regeneração dos répteis é muito diferente do que ocorre nos mamíferos e, apesar de hoje entendermos muito bem como isso funciona nas lagartixas e salamandras, esse conhecimento não foi útil no tratamento de seres humanos.

Mas agora a esperança voltou ao coração dos cientistas. É que os habitantes do Quênia, na África, costumam comentar que uma espécie de rato do deserto seria capaz de deixar para trás sua pele quando abocanhada por um predador. A pele ficaria na boca do predador e o bichinho sairia correndo sem a pele, que se regeneraria em poucos dias. Ratos e camundongos são mamíferos e sua pele é muito semelhante à de seres humanos; por esse motivo, um time de pesquisadores dos Estados Unidos se aliou a cientistas de Nairóbi para ir ao deserto, encontrar ratos, capturar uma colônia e verificar se a história era verdadeira.

Armadilhas foram colocadas no deserto e os ratos (*Acomys kempi* e *Acomys percivali*) foram capturados. Bastou um cientista colocar a mão na gaiola e agarrar o rato da mesma maneira que agarramos um rato de laboratório para descobrir que a população do Quênia sabia do que estava falando. As fotos são impressionantes: você agarra o rato e parece que está pegando um sabonete molhado coberto por uma fina folha de papel liso. Você fica com a pele do rato e ele escapa por entre os dedos, como os malditos sabonetes nos escapam no chuveiro.

Capturados os ratos, começou o estudo. Foi constatado que eles podem perder até 60% da pele que cobre o corpo, inclusive a que cobre o rabo. Trinta dias depois, estão de pele nova, sem cicatrizes, sem áreas com falta de pelos ou qualquer outra evidência do susto que passaram na boca do predador. Os cientistas então começaram a estudar as características da pele. Observaram que ela é vinte vezes menos elástica que a de um rato de laboratório. Se você tentar esticá-la, ela se rompe. E a força necessária para romper essa pele é 77 vezes menor que a necessária para romper a de um rato comum. Quando os cientistas observaram essa pele no microscópio, puderam constatar que ela é composta dos mesmos elementos presentes na pele dos ratos de laboratório, ou dos seres humanos, mas em proporções distintas. Além disso, ela é superficialmente conectada com o tecido que está na camada de baixo, uma propriedade também encontrada na pele de algumas raças de cachorro.

Os primeiros estudos desse processo indicam que o truque para conseguir a regeneração rápida, sem infecção e sem deixar vestígios, é devido a uma série de fenômenos, todos presentes na nossa pele, mas que nesses ratos são regulados de maneira muito mais sutil. Primeiro, existe muito pouco sangramento quando a pele se solta e, portanto, as famosas cascas de ferida (você lembra do seu joelho quando tinha dez anos?) não se formam. O tecido subcutâneo forma uma camada protetora, e a pele intacta — localizada na periferia da lesão — se contrai e cobre a maior parte do ferimento rapidamente. Logo em seguida, as células da pele intacta começam a migrar para a superfície da lesão, e ela é rapidamente recoberta. O mesmo ocorre com as células que vão formar os novos folículos capilares, e, em trinta dias, o rato está novo em folha.

Esses estudos estão ainda na sua infância — afinal, é o primeiro trabalho científico que analisa o que acontece nesses ratos —, mas todos estão animados. Parece que os fenômenos são muito semelhantes aos que ocorrem em seres humanos. A esperança é que seja possível aprender com os ratos do Quênia algum truque que permita melhorar o tratamento em seres humanos.

É assim que funciona a ciência. Uma observação casual de um fenômeno da natureza (algum carnívoro abocanhando um rato nos desertos do Quênia) leva à investigação experimental detalhada do fenômeno (cientistas medindo e descrevendo o processo de perda e regeneração) e, com um pouco de sorte, pode resultar em uma tecnologia que nos permita controlar uma pequena parte do mundo natural (acelerar a cicatrização de feridas em seres humanos). Infelizmente, como essas três etapas muitas vezes estão separadas por dezenas de anos, é difícil para a pessoa que teve sua ferida curada em poucos dias apreciar a contribuição de um queniano que viu um rato escapar da boca de um predador.

*Mais informações em: "Skin shedding and tissue regeneration in African spiny mice (Acomys)". Nature, v. 489, p. 561, 2012.*

# 7. Camaleão que late não morde

Camaleões são agressivos. Defendem violentamente seu território. Como uma briga direta pode custar a vida, melhor desencorajar o adversário demonstrando agressividade através de mudanças bruscas de cor. Agora os cientistas descobriram o significado dos impropérios dessa linguagem colorida.

Darwin já sabia que camaleões, cachorros e seres humanos não são tão diferentes: em vez de partir direto para a briga, preferem primeiro amedrontar os adversários. Os cães latem, avançam e recuam demonstrando sua agressividade; os humanos xingam o adversário — e até a mãe dele — antes de partir para a agressão física. Tudo isso para intimidar o oponente e evitar o risco do conflito direto. Esse mecanismo permite a resolução de disputas sem o uso direto das armas e o derramamento de sangue. Darwin mostrou que esses mecanismos de projeção da agressividade para sons (latidos ou xingamentos), expressões (mostrar os dentes ou as garras) e propaganda (mísseis intercontinentais e tamanho dos chifres) trazem uma vantagem para os indivíduos e, assim, acabam selecionados e incorporados ao sistema de comunicação dos animais.

O problema desse sistema indireto é que muitas vezes o indivíduo que demonstra maior agressividade não é obrigatoriamente o mais forte ou com mais chances de vencer. Vem daí expressões como "ganhou no grito" e "cão que late não morde". Quanto mais sofisticada a capacidade de comunicar a agressividade, maior a chance de "ganhar no grito". Os seres humanos estão entre os melhores dos que usam armas sonoras, mas os camaleões são os campeões entre os que usam cores para comunicar sua agressividade. Eles nos deixam para trás com nossos uniformes coloridos, estandartes vermelhos e cartazes agressivos. Foi por isso que os cientistas resolveram iniciar um estudo detalhado da linguagem visual desses simpáticos répteis.

O *Chamaeleo calyptratus* é capaz de mudar o padrão de cores de todo o seu corpo em poucos segundos. Os cientistas já sabiam que os padrões de cores mudavam rapidamente durante o confronto entre dois machos. Mas o que significavam as diversas mudanças de cor?

Para estudar as mudanças de cor durante os enfrentamentos, os cientistas coletaram dez camaleões machos durante a primavera de 2011 e organizaram uma espécie de torneio entre eles. Pares de camaleões eram colocados frente a frente e filmados de diversos ângulos com câmeras de vídeo de alta resolução enquanto se enfrentavam. Isso foi repetido com todos os possíveis pares de machos. Em seguida, os cientistas analisaram cuidadosamente os vídeos obtidos de diversos ângulos nas diferentes fases da disputa. Para cada camaleão, foi medida a cor em cada um dos 28 pontos distintos do corpo, desde a cabeça até as listas laterais e a cauda. Além disso, foi analisada a velocidade de mudança de cor em cada um desses pontos, bem como a intensidade da cor e de seus padrões. Todos esses dados foram correlacionados com os movimentos dos camaleões durante o confronto.

Algumas vezes os animais chegavam a brigar fisicamente, porém na maioria das vezes a disputa era decidida antes do embate direto. Mas sempre havia um vencedor. A vitória era declarada quando um dos animais desistia do confronto e se retirava, caminhando para longe do adversário. O curioso é que foram observados dois tipos de vitória: uma em que o vencedor conseguia afastar o adversário sem avançar diretamente na direção dele, outra em que os adversários investiam um na direção do outro até que um deles se virava e fugia da luta.

Os cientistas observaram que na primeira fase da luta os adversários se colocavam lateralmente, um em relação ao outro, e mudavam rápido as cores de suas listas laterais. Em muitos casos, era suficiente para fazer um animal desistir da luta. Caso isso não ocorresse, eles partiam para a violência, frente a frente.

Medindo as alterações de cor, os cientistas descobriram que a capacidade de mudar rapidamente a cor das listas laterais e a de mostrar cores mais vivas e contrastantes eram determinantes para decidir a luta na primeira fase. O macho com esses atributos mais evidentes afastava o outro. Mas a capacidade de vencer uma luta física dependia muito mais da intensidade da cor vermelha do focinho do camaleão. Esses padrões de cores eram tão informativos que, somente medindo as mudanças de cores nesses dois locais, era possível prever, com alta probabilidade, o vencedor da luta.

A diferença da intensidade das listas laterais, se fosse alta, fazia com que o animal ganhasse a luta no grito (ou melhor, na cor). Mas, se a diferença de intensidade da cor não fosse suficientemente alta, eles se enfrentavam — e aí ganhava o que tinha maior capacidade de realmente lutar (o com o nariz mais vermelho). Esses resultados levaram os cientistas a interpretar a intensidade da cor lateral como uma evidência da capacidade mais alta de ameaçar (xingar ou mostrar coragem). Já a intensidade da cor do nariz indica a agressividade real do macho (partir para a violência e ganhar a disputa física).

Esses estudos comprovaram que, nos camaleões, a capacidade de mostrar a agressividade (listas laterais gritantes) muitas vezes é suficiente para ganhar a disputa, mesmo que sua capacidade de vencer a luta seja menor (nariz pouco vermelho). Ou seja, os camaleões também ganham suas disputas na cor.

Na verdade, não somos tão diferentes dos camaleões. Quantas vezes nos acovardamos diante de adversários que gritam impropérios e apresentam os olhos vermelhos de raiva? Mas, para a felicidade dos fracos e dóceis, nossa espécie possui outros mecanismos, muito mais sutis, para conquistar os parceiros sexuais.

*Mais informações em: "Chameleons communicate with complex colour changes during contests: Different body regions convey different information".* Biology Letters, *v. 9, p. 892, 2013.*

# 8. Seis meses dormindo

Quando me contaram que os ursos entram numa caverna no início do inverno e dormem por seis meses, eu tinha cinco anos e me lembro que fiquei impressionado. Eles se mexem, fazem xixi? "A caverna é muito escura, ninguém sabe." Nos últimos cinquenta anos, muito se descobriu sobre o processo de hibernação, mas a maioria dos estudos foi feita com animais pequenos, capazes de hibernar no laboratório. Minha curiosidade só foi satisfeita agora.

Por todo o Alasca, ursos-negros (*Ursus americanus*) comportam-se como o Zé Colmeia: roubam cestas de piquenique e assustam turistas vagando pelos acampamentos à procura de comida. Eles são chamados de *nuisance animals*, sendo rotineiramente capturados e transportados para áreas remotas. Seis deles foram levados para o Instituto de Biologia Ártica em Fairbanks, no Alasca, e colocados em uma área cercada. No outono foram anestesiados e, através de uma pequena cirurgia, monitores cardíacos e de atividade muscular foram implantados sob a pele. Para permitir que hibernassem, foram colocadas caixas de madeira onde eles podiam se abrigar. Essas cavernas artificiais tinham antenas que captavam os sinais de rádio dos monitores e transmitiam os dados para os cientistas. Também possuíam câmeras de infravermelho que mediam a temperatura corporal dos animais e filmavam seus movimentos. Não satisfeitos, os cientistas colocaram nas caixas um equipamento capaz de medir a quantidade de oxigênio consumida pelos animais e de gás carbônico liberada, o que permite saber o que acontece com seu metabolismo. Aí foi só esperar o inverno chegar, os animais se aninharem nas suas caixas e iniciarem a hibernação. Foram seis meses de sono cuidadosamente monitorado.

Primeiro os cientistas confirmaram o que já se imaginava. Durante a hibernação — que pode durar em média seis meses, entre novembro e abril —, os ursos não se alimentam, não bebem água, não urinam e não evacuam. Mas eles não dormem totalmente imóveis. Nos primeiros meses, eles se movimentam duas vezes por dia, mudando de posição, ou algumas vezes levantando e deitando novamente. Esses movimentos vão rareando e, no meio da hibernação, por volta de fevereiro, eles se movem apenas a cada dois dias. Nos últimos dois meses, seus movimentos se tornam mais frequentes até que eles acordam e saem da caverna. O ato de acordar ocorre somente quanto a temperatura do ar volta a ser 0°C. Durante o inverno, a temperatura oscila entre −20°C e −40°C, sendo dez graus mais alta no interior das caixas. A temperatura do corpo do animal se reduz de 38°C para 30°C, uma queda não tão grande quanto a observada em animais menores, mas acompanha os movimentos do animal. No início do inverno, ela cai lentamente ao longo de dois meses e depois aumenta de forma gradativa. O interessante é que a temperatura não fica constante ao longo de cada semana: durante toda a hibernação, ela oscila dois a três graus Celsius, com uma periodicidade de 1,6 a 7,3 dias, subindo e baixando em cada um desses ciclos. O consumo de oxigênio, que baixa em média 75%, também oscila junto com a temperatura, mas não parece acompanhar os movimentos do corpo do animal. Quando o animal desperta ao final da hibernação, sua temperatura corporal já está de volta aos 38°C, mas demora ainda duas a três semanas para seu metabolismo voltar ao normal.

Porém o mais interessante é o que ocorre com a respiração e os batimentos cardíacos. Na fase mais profunda da hibernação, os batimentos cardíacos param por até vinte segundos; em seguida, batem cinco ou seis vezes num ritmo quase normal durante cinco segundos; e, novamente, param de bater por vinte segundos. Durante o tempo em que o coração está batendo, o animal dá uma respirada, inalando e exalando ar pelas narinas. Logo a seguir, ele para de respirar e o coração para de bater por outros vinte segundos. Se um médico examinasse o animal durante esses vinte segundos, diria que ele está morto, sem respirar e sem batimentos cardíacos.

É assim que os ursos vivem durante os seis meses que passam dormindo. Demorou cinquenta anos, mas minha curiosidade foi satisfeita. Agora não estou aguentando esperar que meu filho me pergunte o que ocorre com os ursos durante o inverno. "A caverna é muito escura, ninguém sabia, mas uns cientistas no Alasca…"

*Mais informações em: "Hibernation in black bears: Independence of metabolic suppression from body temperature". Science, v. 331, p. 906, 2011.*

# 9. Sapos alpinistas

Na região onde a Venezuela, o Brasil e as Guianas se encontram existe uma das mais impressionantes formações geológicas do planeta, os *tepuis*. São montanhas muito altas, de mil metros a 3 mil metros. Ao contrário da maioria das montanhas, seu topo não é formado por um pico nevado, mas uma enorme região plana. A vista é maravilhosa. Na parte de baixo, a floresta amazônica; e as encostas dos tepuis, quase verticais e desprovidas de vegetação, surgem no meio da floresta. No topo de cada tepui, novamente a floresta densa.

Os tepuis estão entre as montanhas mais antigas do planeta. Perto delas, os Andes são crianças recém-nascidas, com meros 25 milhões de anos. O que hoje são os platôs dos tepuis era o solo plano de um oceano que secou faz 3 bilhões de anos, quando a vida estava aparecendo no planeta. Por volta de 300 milhões de anos atrás se iniciou um processo de erosão que foi cavando o solo. A região cavada é o local onde hoje encontramos a floresta amazônica. O topo dos tepuis são as áreas que não foram erodidas, o que sobrou do piso do antigo oceano. O formato atual dos tepuis data de 70 milhões de anos atrás, quando os dinossauros ainda estavam por aqui.

Como esses platôs muitas vezes ultrapassam a altura das nuvens, o que se observa de um avião são ilhas de floresta tropical flutuando por sobre as nuvens. É do topo de um desses tepuis que despenca uma das cachoeiras mais altas do planeta, quase mil metros de queda, a Salto Ángel, na Venezuela. Esse é o cenário mostrado no filme de animação *Up — Altas aventuras*, lançado pela Pixar em 2009.

O interessante é que a flora e a fauna no topo dos tepuis são completamente diferentes das existentes na floresta que cobre a região entre as montanhas. Como as encostas dos tepuis são muito íngremes e a altura é grande, há muitos anos os cientistas propuseram que as plantas e os animais que vivem no platô teriam ficado totalmente isolados do resto dos seres vivos por centenas de milhões de anos, desde a formação dos tepuis. Essa longa separação teria dado origem a uma biodiversidade completamente distinta. Agora essa ideia foi testada. E ela estava errada.

Os cientistas coletaram DNA de espécies de sapos que existem somente no topo dos tepuis e compararam sua sequência com a obtida das espécies presentes na floresta amazônica. Essa comparação permite calcular o tempo decorrido desde que essas duas espécies se separaram. Se a diferença entre os genomas é grande, o ancestral comum é muito antigo; se a diferença é pequena, o ancestral comum existiu há menos tempo e, portanto, as espécies são mais recentes. É com esse tipo de metodologia que foi determinado, por exemplo, o momento no passado em que a linhagem que deu origem a nós, humanos, se separou da linhagem dos atuais macacos.

Se as linhagens que deram origem às espécies de sapo da parte superior tivessem se separado quando os tepuis foram formados, o momento da separação dessas linhagens deveria ter ocorrido 50 milhões ou 70 milhões de anos atrás. Mas o resultado foi muito diferente. O que os cientistas descobriram é que as duas linhagens se separaram há somente 5 milhões de anos, muito depois da formação dos penhascos que separaram os dois ambientes.

A conclusão é que os sapos que hoje habitam os platôs não habitavam o topo dessas montanhas desde a sua formação, mas chegaram ao topo muito depois da formação dos tepuis. Em outras palavras, de alguma maneira, nos últimos 5 milhões de anos, os sapos conseguiram subir as encostas íngremes e conquistaram o direito de viver no topo dos tepuis.

Até agora, os cientistas, influenciados pela dificuldade que eles mesmos encontram em escalar esses penhascos, imaginavam que os sapos que estavam lá em cima sempre haviam estado lá. Esses novos resultados demonstram que, na verdade, os ancestrais desses sapos de alguma maneira escalaram as montanhas. Eram sapos alpinistas.

*Mais informações em: "Ancient Tepui summits harbor young rather than old lineages of endemic frogs". Evolution, doi: 10.1111/j.1558-5646.2012.01666.x, v. 66, p. 3000, 2012.*

# 10. O coaxar arriscado dos sapos

Pavões e suas caudas enormes, perus arrastando asa para as fêmeas, veados com chifres ramificados e pássaros com cantos elaborados: os machos parecem estar sempre se mostrando.

Darwin explicou como esses comportamentos e adornos surgem e são selecionados. A culpa é das fêmeas. Elas preferem os machos mais vistosos. E, se as fêmeas preferem acasalar com o mais vistoso dos machos, machos menos vistosos deixam menos descendentes, e mutações que diminuem a plumagem ou chifre condenam o macho ao celibato. Por outro lado, qualquer mutação que provoque um aumento dos chifres ou uma canção mais sofisticada garante os favores das fêmeas e resulta em mais descendentes. Darwin sabia que são elas quem mandam.

Mas esse mecanismo deveria levar ao crescimento ilimitado dos chifres, caudas e outros caracteres sexuais secundários. Apesar de Darwin não ter proposto um mecanismo capaz de controlar a seleção sexual, anos mais tarde se imaginou que o crescimento dessas características seria limitado pela maneira como as fêmeas percebem os sinais emitidos pelos machos. Se uma cauda cresce de dois para três centímetros, o centímetro extra corresponde a um crescimento de 50%. Mas, quando uma cauda cresce de dez para onze centímetros, o mesmo centímetro agora corresponde a um aumento de 10%. Evolucionistas propuseram que a percepção — e, portanto, a seletividade das fêmeas — não aumenta com o tamanho absoluto do estímulo, mas é proporcional à sua diferença porcentual. Se isso for verdade, a vantagem adicional de um centímetro na cauda em um pássaro diminui à medida que as caudas vão aumentando.

A novidade é que essa hipótese foi testada nos pântanos do Panamá. Os coaxares de diversos sapos machos da espécie *Physalaemus pustulosus* foram gravados. Eles consistem em um longo assobio seguido de diversos ruídos guturais, sendo que o número desses ruídos, a intensidade do som e a duração do assobio contínuo variam muito de um macho para outro. Esses coaxares são a forma como os machos atraem as fêmeas nas noites escuras.

Mas, se as chances de atrair as fêmeas aumentam com um coaxar mais longo, é sabido que o morcego devorador de sapos *Trachops cirrhosus* também utiliza o coaxar dos sapos para localizar seu jantar. É um jogo perigoso: atrair a fêmea pode levar à morte. O que fazem os sapos, pressionados pelo desejo das fêmeas e a fome dos morcegos?

Os cientistas capturaram fêmeas de sapos e morcegos para estudar como eles selecionavam o coaxar mais sexy ou apetitoso. As fêmeas foram colocadas em uma gaiola em cujas extremidades estavam dois alto-falantes. Em cada um, os cientistas tocavam um coaxar diferente e analisavam em que direção as fêmeas saltitavam. O mesmo foi feito com os morcegos. O resultado foi idêntico quando as fêmeas de sapo ou os morcegos foram analisados. A intensidade do coaxar não era o que atraía a fêmea para um dos alto-falantes, tampouco a diferença entre o número de ruídos guturais. O que permitia realmente prever o comportamento da fêmea era a razão entre o número de ruídos guturais do coaxar. Se esta razão era 1 (mesmo número de ruídos guturais), independentemente do tempo do assobio e da sua intensidade, as fêmeas se locomoviam ao acaso para qualquer um dos alto-falantes. Quando a razão entre o número de ruídos era de 2 para 1, 75% prefeririam o com maior número de ruídos — e essa preferência ia aumentando até 100% quando a razão chegava a 10 para 1.

O sistema de percepção e escolha do coaxares operado pelas fêmeas de sapos e morcegos se comporta exatamente como previsto: a simples adição de mais um ruído não melhora significativamente o sex appeal do sapo, é preciso dobrar o número de ruídos guturais. Mas a seleção natural impõe um limite para esse aumento. Coaxares dezenas de vezes mais longos, além de serem dispendiosos em termos energéticos, facilitam o trabalho dos morcegos. Aí, o pobre sapo fica sem fêmeas e perde a vida. É por isso que os sapos, apesar da preferência das fêmeas, limitam o tamanho de seu coaxar. É um exemplo a ser seguido.

*Mais informações em: "Signal perception in frogs and bats and the evolution of mating signals".* Science, v. 333, p. 751, 2011.

# 11. O chifre que envenena

O pescoço de uma gazela rompido por um carnívoro. Um toureiro transpassado na arena. Dentes e chifres são armas letais. Mas além de armas físicas, animais dispõem de armas químicas e psicológicas. É o caso de insetos venenosos que, através de cores vistosas, avisam seus predadores do risco que correm se tentarem abocanhar.

Mas os bichos ficam mesmo perigosos quando associam uma arma física, uma química e completam a receita com um comportamento agressivo. É a jararaca. Ela arma o bote e pula de boca aberta, os dentes perfuram o inimigo e injetam o veneno. A novidade é que um grupo de cientistas brasileiros descobriu uma nova arma letal: o chifre venenoso.

O *Aparasphenodon brunoi* (vou chamá-lo de Bruno) tem nove centímetros, é malhado de preto e branco, e pode ser encontrado no Espírito Santo, na reserva de Goytacazes. Já o *Corythomantis greeningi* (o Verde) tem quase sete centímetros, é esverdeado e pode ser encontrado na caatinga, em Angicos, no Rio

Grande do Norte. Até agora, não passavam de dois sapinhos simpáticos da fauna brasileira.

Os cientistas não contam os detalhes, mas deixam escapar que um deles, Carlos Jared, levou uma chifrada de um Verde ao agarrá-lo. O sapinho atacou e um espinho na cabeça do bicho furou a pele da mão de Carlos. A dor foi fortíssima, espalhou-se pelo braço e durou cinco horas. Coitado do Carlos! Mas é assim que a ciência avança. Não sei se foram os sintomas ou o fato de os cientistas trabalharem no Butantã, mas parecia que Carlos havia sido mordido por uma cobra venenosa, e isso era inesperado.

Muitos sapos possuem glândulas venenosas na pele, mas o veneno só é liberado quando o sapo é agredido, mordido ou espremido. No caso de Bruno e Verde, a coisa é diferente. A cabeça desses sapos possui dezenas de espinhos ósseos, pontudos, na forma de chifres, que se projetam para a frente e para a lateral da cabeça. Esses chifres são curtos e não são facilmente visíveis, mas atravessam a pele do sapo e ficam na superfície como se fossem pontas de agulha. Por entre os chifres estão as glândulas de veneno. Quando o sapo move a cabeça e bate com ela em um animal, as agulhas entram na pele e a pressão faz com que o veneno seja liberado. O resultado é semelhante ao provocado por uma máquina de tatuagem: a agulha faz o furo, e o veneno liberado pela glândula penetra na pele.

O veneno de Bruno e Verde não é fraco, não. Os cientistas o injetaram em camundongos e descobriram que ele tem um efeito semelhante ao veneno de jararaca, mas é muito mais poderoso. O camundongo sente muita dor, o veneno provoca um edema que dura mais de 72 horas e pode matar. Enquanto são necessários 95 microgramas (milionésimo de uma grama) de veneno de jararaca para matar um camundongo, bastam três microgramas do veneno de Bruno para matar um camundongo. É um veneno 25 vezes mais poderoso que o de uma jararaca.

Combinando a habilidade desses sapos de mover a cabeça de maneira agressiva com a presença de espinhos capazes de perfurar a pele e a existência de glândulas capazes de liberar simultaneamente um veneno potente, os cientistas concluíram que esses sapos merecem ser incluídos entre os animais peçonhentos. São os primeiros anfíbios a receber esse título, além do primeiro exemplo de um chifre venenoso. Agora é preciso estudar o comportamento desses sapinhos e descobrir como eles usam seus chifres venenosos. São simplesmente um mecanismo de defesa ou são usados para caçar?

*Mais informações em: "Venomous frogs use heads as weapons".* Current Biology, *v. 25, p. 2166, 2015.*

# 12. Quando amar é armar

*Oophaga pumilio* é um sapinho, vermelho como morango maduro, que habita as florestas da América Central. Ao contrário de seus colegas, camuflados entre as folhas, nosso amigo mostra o corpo e não teme predadores. Não é para menos: está armado até os dentes. Seu corpo contém mais de cinquenta tipos de alcaloides. O predador que abocanhar um desses simpáticos sapinhos não vai se esquecer da experiência. Se não morrer, vai passar dias sob o efeito das poderosas armas químicas carregadas pelo sapinho. A cor vermelha avisa os predadores: "Cuidado comigo, estou armado e sou perigoso!". Agora os cientistas descobriram a origem desse poderoso arsenal. Ele é fornecido pela mãe-sapo — e duvido que você adivinhe como. Vamos adiante.

Nosso sapinho tem dois centímetros de comprimento e é completamente inofensivo. Não morde nem utiliza seu arsenal de alcaloides para o ataque. É tão bonito e suas cores são tão chamativas, que é criado como animal de estimação em diversos países. O único cuidado é não cair na tentação de morder o animal, pois os alcaloides estão acumulados na pele.

Papai e mamãe *Oophaga* dividem o cuidado com a prole. Mamãe coloca os ovos, e papai despeja espermatozoides sobre eles. A pilha de ovos fecundados é cuidada por papai, que coleta água com sua cloaca (o orifício por onde sai a urina, as fezes e os espermatozoides) e a despeja sobre os ovos, garantindo que eles permaneçam úmidos durante os doze dias de incubação. Quando os girinos saem do ovo, mamãe *Oophaga* volta ao ninho e transporta os filhotes para os *phytotelmata* (aqueles laguinhos de água acumulada entre as folhas de bromélias). É nesse ambiente que os girinos crescem e se transformam em sapos. Como não existe alimento suficiente nos *phytotelmata*, a amorosa mamãe *Oophaga* volta frequentemente e alimenta os filhotes durante dois meses com seus próprios ovos não fecundados. Devorando os ovos gerados pela mãe, os amados filhotes crescem felizes.

Faz tempo que os cientistas descobriram que os sapos adultos não produzem os alcaloides que acumulam em seu corpo, mas obtêm essas moléculas de sua dieta. Como todo sapo, os adultos comem os mais diversos tipos de insetos. Após ingerirem a presa, os *Oophaga* não destroem os alcaloides presentes no alimento. Essas moléculas são transportadas para a pele e se acumulam em grande quantidade. Em outras palavras, o arsenal defensivo de nossos sapinhos é capturado dia a dia, um pouquinho de cada inseto ingerido. Aos poucos, os sapos vão se armando quimicamente.

Mas uma pergunta atormentava os cientistas: será que os girinos acumulam as toxinas antes de se transformar em sapos ou somente depois que começam a se alimentar de insetos? Para resolver esse problema, cientistas coletaram e analisaram girinos recém-nascidos. Descobriram que, ao nascer, os girinos não possuíam suas armas químicas. Mas, quando analisaram os girinos um pouco antes de se transformarem em sapos, descobriram que eles já haviam acumulado um pequeno arsenal de alcaloides. Examinando os ovos não fecundados que mamãe-sapo usa para alimentar os girinos, descobriram que eles tinham pequenas quantidades de alcaloides. Essa observação favorecia a hipótese de que as mães estavam armando seus amados filhotes com alcaloides. Para comprovar, os cientistas alimentaram girinos com ovos de espécies de sapos que não acumulam alcaloides. Como esperado, quando se transformaram em sapos, estavam totalmente desarmados, sem qualquer alcaloide em seu corpo.

Esses resultados demonstram que as mamães-sapo não somente fornecem o alimento, mas também o arsenal químico que os sapinhos precisam para enfrentar os predadores. É o amor que arma.

Alimentamos e educamos nossos filhos para que eles sejam felizes. Mas, se você acredita que a educação é também uma arma a ser utilizada pelos filhos para enfrentar os perigos da vida adulta, você não está sozinho. Os amorosos *Oophaga* fazem a mesma coisa e não sentem culpa.

*Mais informações em: "Evidence of maternal provisioning of alkaloid-based chemical defenses in the strawberry poison frog Oophaga pumilio". Ecology, doi: 10.1890/13-0927.1, v. 95, p. 587, 2014.*

# 13. Elefantes: liderança hereditária

Elefantes se organizam em grupos sociais. Cada grupo é liderado por uma fêmea mais velha. É ela quem marcha na frente, guiando o grupo para novas pastagens e fontes de água. Essas fêmeas adquirem experiência ao longo da vida. São a memória do grupo. As fêmeas mais velhas também são responsáveis por manter a coesão entre os diferentes grupos de elefantes, evitando conflitos.

Desde junho de 2012, depois de décadas de trégua, caçadores voltaram a matar elefantes nas reservas de Samburu e Buffalo Springs, no Quênia. Como estão atrás do marfim e as maiores presas estão em animais idosos, as anciãs têm sido massacradas. Essa tragédia permitiu aos pesquisadores observar o que acontece quando os elefantes perdem suas líderes.

Essa população de elefantes vem sendo estudada desde 1998. Sua estrutura social foi determinada em três períodos distintos. No primeiro, entre 1998 e 2001, a comunidade crescia lentamente, mas a caça não ocorria. No período seguinte, entre 2001 e 2004, a comunidade cresceu rapidamente e também não havia caça. No terceiro período, entre 2012 e 2014, as fêmeas mais velhas foram sistematicamente mortas pelos caçadores. Cientistas acompanharam todas as fêmeas, identificando cada uma delas. Eram aproximadamente cem fêmeas com idade média de 28 anos no primeiro período. Passaram a ser 125 no segundo período, e a idade média diminuiu para 26 anos. No terceiro período, com a caça das anciãs, o número foi reduzido para 110 fêmeas, e a idade média para 21 anos. Durante esses dezesseis anos, 70% das fêmeas que existiam no grupo original morreram e foram substituídas. É como se todo um continente perdesse seus líderes.

Para estudar a estrutura social de cada grupo de elefantes, cientistas viajavam diariamente pelas estradas das reservas e coletavam dados dos grupos encontrados. Em cada encontro, eles identificavam cada membro do grupo e determinavam quem era a líder, a vice-líder e assim por diante. Desse modo, foi possível saber quem liderava em cada momento, quando a líder morria e como ocorria sua substituição. Esses dados foram analisados estatisticamente para entender as consequências da rápida substituição das líderes.

O que os cientistas observaram é surpreendente. Apesar de 70% da liderança ter sido exterminada, a estrutura social da população se manteve. A informação sobre as melhores áreas para pastar, o local das melhores fontes de água e a administração dos conflitos não se perdeu. Isso demonstra resiliência da rede de interação entre as fêmeas. O mais interessante é que os cientistas descobriram a razão. É simples: nesses grupos de elefantes, as filhas das anciãs passaram a ocupar o posto de liderança. O curioso é que, quando a anciã morre, a nova líder não é obrigatoriamente a fêmea mais velha, como seria esperado, mas sim a filha mais velha da antiga líder.

Esse resultado demonstra que, desde cedo, as filhas da anciã vão "aprendendo" ou sendo "educadas" para assumir a liderança, obtendo o que é necessário para assumir essa função e interagindo com outras líderes de modo a administrar os conflitos. Essa sucessão é tão bem organizada que os cientistas foram capazes de prever a futura líder mesmo antes da morte de uma anciã. É essa preparação das sucessoras que permite que as sociedades de elefantes não se desestruturem quando as líderes são exterminadas.

A conclusão é que, entre os elefantes, o processo de substituição de líderes é mais semelhante ao que observamos em empresas familiares (em que os filhos herdam a empresa) ou em sociedades nas quais existe uma família real (em que todo o reino é herdado). Os cientistas não discutem o mérito ou demérito do método de substituição de líderes praticado pelos paquidermes e por diversos grupos de seres humanos. Mas não deixa de ser curioso que os elefantes estão longe de se organizarem segundo critérios meritocráticos ou democráticos. Porém uma coisa é certa: as sociedades de elefantes são muito mais longevas e resilientes que as organizadas pelos seres humanos.

*Mais informações em: "Vertical transmission of social roles drives resilience to poaching in elephant networks". Current Biology, v. 26, p. 75, 2016.*

# 14. O que fazem as orcas após a menopausa

As orcas (*Orcinus orca*) têm uma peculiaridade reprodutiva. As fêmeas ficam férteis aos doze anos e procriam até os quarenta anos. Após a menopausa, vivem mais cinquenta anos, geralmente morrendo aos noventa anos de idade. Mais da metade da vida dessas fêmeas é vivida na menopausa. Com machos, a história é bem diferente. Eles iniciam sua vida sexual aos doze anos, reproduzem até os 45 anos e morrem em seguida. Dificilmente passam dos cinquenta anos. Por anos pairava no ar a pergunta: o que fazem as orcas após a menopausa? Agora, um grupo de oceanógrafos descobriu a resposta. E a razão é nobre.

A reprodução tem um papel importantíssimo na seleção natural e na evolução das espécies. Se um indivíduo não deixa descendentes, seus genes não passam para a próxima geração e desaparecem da face da Terra. O mesmo ocorre com uma espécie. As espécies que não foram capazes de reproduzir rápido o suficiente já estão extintas. Por esse motivo, uma vez terminada a vida reprodutiva de um animal, ele deixa de contribuir para a sobrevivência da espécie. É por isso que a maioria dos animais morre logo após o fim do seu ciclo reprodutivo (em alguns insetos isso é levado tão a sério que a morte ocorre imediatamente após o coito).

Indivíduos longevos não trazem vantagem para a espécie e, em muitos casos, competem por alimento com os animais em fase reprodutiva. As exceções são animais, como o ser humano, cuja sobrevivência dos pais após o nascimento dos filhos é importante para o sucesso reprodutivo deles e para a sobrevivência da espécie. No nosso caso, como os pais ajudam os filhos por décadas após o nascimento, é fácil entender por que fêmeas capazes de viver pelo menos vinte anos depois do final do período fértil foram selecionadas. Se elas morressem ao final de sua vida reprodutiva, os filhos mais jovens teriam menos chances de sobreviver.

Mas o que estaria acontecendo com as orcas-fêmeas? Por que elas teriam sido selecionadas para viver uma menopausa tão longa e serem tão mais longevas que os machos?

Na costa oeste dos Estados Unidos, no canal que separa a ilha de Vancouver do continente, existe uma população de orcas que vem sendo estudada faz décadas. Como são carnívoras (você lembra da orca que comeu o tratador em um aquário na Flórida?), elas caçam os cardumes de salmão que passam pela região. Com binóculos e filmadoras, pesquisadores vêm acompanhando o comportamento dessas orcas faz mais de uma década. As orcas possuem listas e outros detalhes coloridos nas barbatanas, o que permite que os pesquisadores identifiquem cada animal. Eles também sabem em que ano ele nasceu, seu sexo e quem são seus filhos. Ou seja, possuem um banco de dados completo dessa população de orcas. Entre 2001 e 2009, eles filmaram 102 orcas, acompanhando o deslocamento do grupo enquanto caçava. Foram obtidas e analisadas 751 horas de vídeo.

As orcas se deslocam sempre em grupos, em uma formação de triângulo, com um animal na frente e os outros seguindo o líder. Cada grupo de orcas é uma grande família: os pais, seus filhos, netos e primos. O que os cientistas fizeram foi identificar em cada filmagem qual era a orca que estava na frente do grupo, liderando a caçada. E o que eles descobriram é impressionante. O líder é sempre uma orca mais velha, já na menopausa. Além disso, os cientistas mediram a quantidade de salmão que estava na área em que o grupo caçava (usando dados dos pescadores de salmão da região) e puderam demonstrar que quanto mais velha a líder do grupo, maior a probabilidade de o grupo ser encontrado nas regiões com muito salmão.

Esses resultados sugerem que as fêmeas mais velhas possuem o conhecimento necessário para guiar o grupo em direção às melhores áreas de caça, garantindo assim uma alimentação melhor para seu grupo. Os cientistas acreditam que, por possuírem conhecimento e capacidade de liderança, fêmeas cada vez mais velhas foram selecionadas ao longo das gerações.

Essa descoberta explica qual o papel das fêmeas mais velhas, seu valor para o grupo e por que a longevidade foi selecionada positivamente ao longo de milênios. E para nossa sociedade machista é sempre bom lembrar que, pelo menos entre as orcas, os machos não podem cumprir esse papel e, por inúteis que são, morrem assim que perdem a capacidade de reproduzir.

*Mais informações em: "Ecological knowledge, leadership, and the evolution of menopause in killer whales". Current Biology, v. 25, p. 746, 2015.*

# 15. Vovó baleia cuida dos netos

A maioria dos seres vivos morre assim que termina a fase reprodutiva. Insetos machos devorados pelas fêmeas ainda durante o coito e fêmeas que morrem logo depois de botar os ovos são casos extremos, mas do ponto de vista evolutivo fazem todo o sentido. Os seres vivos são selecionados pela capacidade de transmitir seus genes aos descendentes, e os que falharam nessa tarefa já estão extintos. Mas, se isso for verdade, como explicar que em algumas espécies, como nos seres humanos e nas baleias, a vida de um indivíduo se estende por longos anos após o término de seu ciclo reprodutivo? Em 1964, W. D. Hamilton demonstrou que os seres vivos podem aumentar as chances de seus genes serem transmitidos às gerações futuras se cuidarem de suas crias. Ao garantirem que os filhos sobrevivam até a idade reprodutiva, os pais estão assegurando indiretamente a sobrevivência de seus próprios genes. Isso explicaria por que surgiram comportamentos como o de alimentar e cuidar da prole. Para Hamilton, uma avó que vive o suficiente para ajudar sua filha a criar os netos está aumentando as chances de seus genes chegaram aos bisnetos. É uma noção pouco romântica, mas explica por que as mulheres sobrevivem tantos anos após a menopausa. As mulheres ancestrais que possuíam genes que conferiam esses anos extras de vida deixaram mais descendentes e hoje dominam o planeta.

Há muitos anos sabe-se que as orcas, também chamadas de baleias-assassinas (*Orcinus orca*), vivem mais de noventa anos, apesar de seu período reprodutivo terminar aos trinta ou quarenta anos. A novidade é que agora foi demonstrado que essas baleias ajudam sua prole até que os filhos terminem sua idade reprodutiva.

Essa descoberta foi feita estudando um grupo de 589 baleias que vivem livremente no oceano Pacífico, na costa oeste dos Estados Unidos. O estudo foi iniciado em 1974 e terminou em 2010. Durante esses 36 anos, a vida de cada baleia foi monitorada; os nascimentos foram registrados e as mortes, anotadas. Esse acompanhamento foi possível porque a nadadeira dorsal das baleias possui marcas e cicatrizes únicas, que permitem que cada indivíduo seja identificado nas fotos tiradas pelos biólogos durante esses 36 anos de estudo. O trabalho foi facilitado pelo fato de essas baleias viverem em grupo e os filhos e netos continuarem a viver com seus pais e avós. Assim, quando um grupo surge na superfície do oceano, ele pode ser fotografado, o que permite a identificação de cada indivíduo.

Para analisar o que acontecia com cada indivíduo, as baleias jovens foram divididas em três grupos. No primeiro grupo estavam os animais de quarenta anos de idade que tinham perdido a mãe aos quinze anos (somente tiveram a mãe até o início da idade reprodutiva). No segundo grupo, as baleias de quarenta anos que tinham perdido a mãe aos 35 anos (tiveram a mãe até a metade de sua idade reprodutiva). E no terceiro grupo, os animais de quarenta anos que ainda tinham a mãe viva, que agora já era vovó (esses tiveram a presença da mãe até o final de sua idade reprodutiva).

Os cientistas analisaram a probabilidade de os animais de

cada grupo viverem até os quarenta anos de idade. Os animais que tiveram a mãe presente durante toda a sua vida tinham 50% de chance de chegarem vivos aos quarenta anos de idade. Os animais que perderam a mãe aos 35 anos de idade também tinham 50% de chance de chegar aos quarenta anos de idade, mas essa probabilidade caía rapidamente logo após a morte da mãe, indicando uma grande dependência da presença dela. Os animais que perderam a mãe mais cedo, aos quinze anos de idade, tiveram sua chance de sobrevivência reduzida durante toda a vida, e sua probabilidade de chegar aos quarenta anos é de 30%. Os cientistas também observaram que esse efeito é mais acentuado para as fêmeas do que para os machos.

Esses resultados demonstram que a presença da mãe no grupo social aumenta as chances de sobrevivência dos seus filhos e que, quanto mais tempo a mãe está presente, melhor as chances de sobrevivência de sua prole. O interessante é que esse efeito se estende por um período muito maior que o necessário para a mãe amamentar seu filhote e o ensinar a caçar. Os cientistas não sabem a causa dessa chance maior de sobrevivência dos animais que ainda têm sua mãe viva, mas uma hipótese é que a mãe ajude os filhos a caçar e talvez a criar os netos.

Do ponto de vista evolutivo, isso confirma a vantagem de uma vida longa. Mesmo que na chamada "melhor idade" as baleias já não sejam capazes de reproduzir, elas ajudam os filhos a sobreviver. Da mesma maneira que nossas mães e avós nos ajudam a criar nossos filhos, a vovós baleias ajudam suas filhas a terem uma vida mais longa. Tudo indica que o que chamamos de amor materno nada mais é que uma estratégia evolutiva para garantir a sobrevivência de nossos genes.

*Mais informações em: "Adaptive prolonged postreproductive life span in killer whales". Science, v. 337, p. 1313, 2012.*

# IV. PÁSSAROS E MACACOS

# 1. O animal que inventou a gaveta

Abra uma gaveta na cozinha. Você vai encontrar diversos tipos de ferramenta. Garfos, facas, colheres, raladores e muitos outros artefatos desenvolvidos pelo ser humano para facilitar o processo de obter, preparar e consumir alimentos. Imagine o custo de produzir essas ferramentas, as fábricas, as minas de metal e o trabalho envolvido na sua produção. Agora volte para a gaveta. Sem dúvida é uma grande invenção, pois permite que guardemos essas ferramentas, dispensando o trabalho de produzi--las cada vez que necessitamos delas.

Muitos animais usam ferramentas para facilitar a obtenção de alimentos. Mas, cada vez que necessitam disso, buscam uma nova no seu entorno. Agora, pela primeira vez, foi achado um animal que desenvolveu o conceito da "gaveta", um local para guardar suas ferramentas com o objetivo de reutilizá-las no futuro. E esse animal é o corvo da Nova Caledônia.

A Nova Caledônia é um grupo de ilhas no leste da Austrália. Lá mora um corvo (*Corvus moneduloides*) muito estudado por ser o animal que usa ferramentas com maior frequência. Sua ferramenta preferida é um gancho feito de um graveto. Primeiro ele procura um galho fino com uma bifurcação. Depois, com o bico, corta uma das ramificações da forquilha logo acima da bifurcação. A outra ramificação é cortada a dez ou quinze centímetros acima da bifurcação. Feito isso, ele corta o galho que dá origem à forquilha logo abaixo dela. O resultado é um pedaço de madeira de dez ou quinze centímetros de comprimento com um gancho na ponta. O corvo manipula esse gancho com o bico para fisgar larvas de insetos e outros animais de dentro dos buracos. Mas tem um problema: como não possui mãos, depois de fisgar a presa segurando o "anzol" com o bico, ele tem que largar a ferramenta para poder devorar a presa. E aí, o que acontece com a ferramenta? Até agora os cientistas achavam que ela caía no chão e tinha que ser recuperada ou reconstruída. Como é difícil observar um mesmo pássaro por muito tempo, isso era uma hipótese. Uma hipótese que se mostrou falsa, pois os corvos usam uma "gaveta" para guardar seus anzóis enquanto devoram a presa.

Os cientistas estudaram nove corvos capturados na Nova Caledônia. Cada um foi posto em uma grande gaiola, na qual foram colocados dois troncos. O primeiro tinha uma forquilha com a qual o corvo poderia construir seu anzol. No outro tronco, havia dez buracos, com um pedaço de carne do tamanho de um amendoim em cada um. Para dificultar a tarefa, em metade dos buracos foi espetada uma pena no pedaço de carne. Para esses corvos, o desafio é trivial — eles produzem o gancho e passam rapidamente a fisgar os pedaços de carne de dentro dos buracos. Os troncos foram apresentados aos corvos em duas situações: na primeira eles estavam no chão; e, na segunda, em um galho a 1,3 metro do solo. A ideia dos cientistas era verificar o que os corvos faziam com sua ferramenta depois de fisgarem um pedaço de carne (e o devorarem) e antes do segundo pedaço. Os nove corvos foram submetidos a 176 experimentos, todos filmados.

Para surpresa geral, os cientistas descobriram que, em 84% dos experimentos, os corvos tiveram o cuidado de guardar os anzóis entre uma fisgada de um bocado de carne e outra. Somente em 16% dos casos eles abandonaram o anzol para comer a isca, deixando-a cair no chão. Nos casos em que guardaram os anzóis, em 74% deles, prenderam o anzol sob os pés (como nós colocamos um instrumento no bolso); e, em 26%, procuraram um buraco e enfiaram lá a ferramenta (como nós colocamos um garfo na gaveta). Mas o mais interessante é que os corvos que estavam se alimentando em cima da árvore — e, portanto, o risco de perder o instrumento era maior, porque, quando cai no chão, muitas vezes o corvo não consegue localizá-lo e tem que produzir outro anzol — guardavam o instrumento com mais cuidado (em um buraco). Os cientistas também observaram que, quando os corvos necessitavam de mais manobras para ingerir o alimento (no caso das iscas com uma pena espetada), eles também tomavam mais cuidado com a ferramenta, preferindo colocar o gancho no buraco.

Esses resultados demonstram que os corvos não somente são capazes de guardar suas ferramentas entre um uso e outro, mas também conseguem decidir onde é mais seguro guardar.

Quando abrimos uma gaveta para pegar um garfo, não imaginamos quão sofisticado é nosso comportamento nem como ele surgiu ao longo da evolução. Por incrível que pareça, até hoje não foi descoberto nenhum primata capaz de conservar e reaproveitar instrumentos, muito menos de decidir qual a melhor maneira de guardar. É por isso que os corvos da Nova Caledônia merecem o título de descobridores da gaveta.

*Mais informações em: "Contex-dependent 'safekeeping' of foraging tools in New Caledonian crows".* Proceedings of the Royal Society B., v. 282, doi: 10.1098/rspb.2015.0278, 2015.

## 2. Difusão da inovação em aves

Em meados do século XX, algo inusitado foi observado na Inglaterra. As tampinhas de alumínio das garrafas de leite entregues toda manhã na porta das residências apareciam furadas. Não demorou muito para descobrir o culpado: era um passarinho (*Parus major*) que pousava na garrafa, usava o bico para perfurar o alumínio e devorava o creme de leite. O que chamou a atenção dos cientistas é que a habilidade de furar a tampa de alumínio se espalhou tão rapidamente entre os passarinhos, que a única explicação plausível era que um passarinho estava aprendendo com o outro. A descoberta feita por um indivíduo da espécie estava sendo "ensinada" para os outros. Da mesma maneira que entre humanos a tecnologia de descascar uma laranja é transmitida de pai para filho culturalmente (e não através dos genes), a tecnologia de perfurar tampas de alumínio também se espalhava culturalmente entre as aves. Agora isso foi estudado em detalhe.

Em Wytham Woods, na Inglaterra, existe uma área de aproximadamente dezesseis quilômetros quadrados que é habitada por milhares de *Parus major*. Nessa área, os cientistas colocaram 1018 caixas que servem de ninhos. Praticamente todos os pássaros usam os ninhos para colocar ovos. Isso permite que os cientistas coloquem nos filhotes um minúsculo chip, semelhante ao que colocamos nos carros para pagarmos pedágio nas estradas. Com esse truque, os cientistas conseguem identificar todos os pássaros da região. Afora os ninhos, existem 65 estações de alimentação. Além da comida, esses locais possuem antenas capazes de detectar os chips que estão em cada pássaro (como as antenas que estão nos postos de pedágio). Com esse arranjo, os cientistas podem saber que pássaro vive em qual área da reserva, com que outro pássaro interage e quando interage. Foi nessa área — e usando essa infraestrutura de mapeamento temporal e espacial — que realizaram o experimento.

Três pássaros machos foram capturados em extremos opostos da reserva e mantidos em cativeiro por uma semana. Durante esse período, foram treinados para abrir com o bico uma pequena caixa que possuía duas portas que davam acesso a um alimento delicioso (larvas de insetos). Uma das portas era vermelha e a outra era azul. Um dos pássaros foi treinado para abrir a porta azul. Outro, para abrir a porta vermelha. O terceiro não aprendeu a abrir nenhuma porta e serviu como controle. Assim que os pássaros aprenderam essa nova técnica de obter alimentos, eles foram liberados no local em que haviam sido capturados (em extremos distantes da reserva). Três caixas, com larvas e as duas portas de cores diferentes, foram colocadas em cada um dos territórios onde os machos foram liberados. As caixas estavam em um ponto que era filmado o tempo todo, com uma antena capaz de identificar os pássaros que passavam pelo local. Então foi só observar o que acontecia. Se um pássaro abrisse a caixa, a câmera registrava qual porta ele tinha usado, e a antena informava a identidade do pássaro. Quando dois pássaros chegavam juntos à caixa, era possível saber qual tinha aberto, qual tinha falhado, qual tinha observado e assim por diante.

Vinte dias após a liberação dos pássaros treinados, mais de 90% dos pássaros da região haviam aprendido a abrir a porta para devorar as larvas. O interessante é que, na região onde o pássaro liberado sabia abrir a porta vermelha, praticamente todos que aprenderam o truque só abriam a porta vermelha. O oposto ocorreu na outra área: os pássaros só aprenderam a abrir a porta azul. Na região onde o pássaro liberado não sabia abrir a porta, somente 10% dos pássaros aprenderam a abrir. Nessa região, metade abria a azul e metade abria a vermelha.

O mais interessante é que, usando os chips de identificação, os cientistas conseguiram acompanhar a difusão da tecnologia na população, mapeando qual pássaro havia "ensinado" os demais e quais pássaros eram os grandes difusores da nova tecnologia. Os cientistas também puderam demonstrar que os pássaros eram conservadores: se aprendiam a abrir a porta de uma cor, eles dificilmente mudavam de comportamento. Mesmo um ano depois, os que haviam sido educados para abrir a porta azul continuavam a abrir essa porta.

Esses resultados demonstram que, mesmo com pássaros (até agora isso só havia sido testado em macacos), uma nova tecnologia aprendida por um membro do grupo pode se espalhar e se manter por gerações em toda a comunidade. É o fenômeno que ocorre entre os humanos. A diferença é que possuímos uma linguagem sofisticada, escolas, bibliotecas, lojas, internet e televisão para propagar e guardar o conhecimento. Mas o processo de difusão tecnológica é basicamente o mesmo. Mais uma evidência de que não somos tão especiais.

*Mais informações em: "Experimentally induced innovations lead to persistent culture via conformity in wild birds". Nature, v. 518, p. 538, 2015.*

# 3. Ruído eletromagnético desorienta pássaros

Nós vivemos envoltos em uma infinidade de ondas eletromagnéticas. Basta ligar um rádio, uma máquina capaz de transformar uma parte dessas ondas em sons, para perceber o que nos cerca. Não são somente as ondas de rádio, mas também as ondas eletromagnéticas emitidas pelos fios elétricos, pelos celulares, pelas redes *wireless* e por todos os equipamentos eletrônicos com que convivemos.

Vira e mexe, essas ondas invisíveis causam alarme. Celulares provocam câncer? Redes de alta-tensão são prejudiciais à saúde? Ano após ano, os cientistas investigam e tentam repetir cada um dos inúmeros experimentos que sugerem que as ondas eletromagnéticas causam danos à saúde. E até agora nunca conseguiram demonstrar que os níveis permitidos de ruído eletromagnético são prejudiciais à saúde do ser humano.

Mas um estudo cuidadoso finalmente demonstrou um efeito nocivo dessas ondas em um ser vivo: elas alteram a bússola magnética que ajuda os pássaros migratórios a se orientar durante o voo.

Faz mais de cinquenta anos que sabemos que pássaros migratórios decolam já na direção em que desejam migrar. Se um pássaro vai migrar em direção ao norte, ele alça voo apontando para o norte. Isso foi demonstrado inúmeras vezes usando um experimento muito simples. Os pássaros são colocados em ambientes circulares, de onde não podem ver o sol nem as estrelas. Na parede desse recinto *é colocado um papel sensível ao toque. Ao decolar*, o pássaro acaba encostando nesse papel e deixando uma marca. Se os pássaros vão migrar para o norte, o trecho do papel que está na face norte do ambiente circular recebe a maioria dos arranhões. Analisando a posição desses arranhões, os cientistas determinam em que direção o pássaro deseja ir. Foi com esse tipo de experimento que se descobriu que pássaros migratórios possuem uma bússola interna capaz de sentir o campo eletromagnético da Terra. É essa bússola que eles usam durante a migração (os pássaros também usam o sol e as estrelas, mas em dias e noites encobertos é a bússola magnética que manda).

Em 2004, cientistas da Universidade de Oldemburgo, na Alemanha, começaram a ter problema ao repetir esse experimento nas aulas práticas que ministravam para seus alunos. Os pássaros eram colocados nos recipientes circulares e, em vez do resultado clássico, em que eles tentavam decolar em direção ao norte, pareciam decolar em todas as direções.

Como as cabanas em que os experimentos estavam sendo feitos ficavam no campus da universidade, no centro da cidade, os professores decidiram colocar na parede interna delas estruturas metálicas (chamadas de gaiolas de Faraday) aterradas como para-raios. Essas estruturas reduzem em mais de 99% as ondas eletromagnéticas no interior das cabanas. Os pássaros voltaram a decolar em direção ao norte. Intrigados, os professores resolveram investigar esse efeito inesperado. Foram anos de pesquisa.

Primeiro, fizeram um teste no qual a estrutura metálica era

desconectada do fio terra e as ondas eletromagnéticas deixavam de ser bloqueadas. Observaram que os pássaros perdiam a orientação. Depois, repetiram o mesmo experimento em um arranjo duplo-cego, onde nem as pessoas que executavam o experimento nem as que analisavam os dados sabiam se o equipamento estava ou não ligado ao fio terra. Os resultados foram confirmados. Finalmente, decidiram repetir os experimentos nos arredores da cidade, onde existia menos ruído eletromagnético, e descobriram que os pássaros se orientavam corretamente mesmo sem a gaiola de Faraday.

Agora, após dez anos de experimentos, eles publicaram os resultados. Os dados são tão impressionantes, e os experimentos tão bem controlados, que fica difícil imaginar outra explicação. Somos forçados a concluir que o ruído eletromagnético provoca a desorientação de pássaros migratórios.

O resultado preocupante é que a quantidade de ruído necessário para alterar a orientação dos pássaros é muito, mas muito menor que a quantidade de ruído eletromagnético considerada segura para seres humanos. Porém existe um consolo: as ondas eletromagnéticas que afetam os pássaros (comprimentos de onda entre 50 kHz e 5 MHz) não são as emitidas por telefones celulares ou por linhas elétricas de alta-tensão, mas sim semelhantes às de estações de rádio AM e de equipamentos eletrônicos.

Não há dúvida que esse estudo vai reacender a polêmica do efeito de ondas eletromagnéticas sobre a saúde humana. Mas uma coisa é certa: esses experimentos não demonstram que telefones celulares, linhas de alta-tensão, ou qualquer outro tipo de onda eletromagnética, afetam a saúde de seres humanos.

*Mais informações em: "Anthropogenic electromagnetic noise disrupts magnetic compass orientation in a migratory bird". Nature, v. 509, p. 353, 2014.*

# 4. Janelas matam bilhões de pássaros

O pássaro estrebuchava perto da janela, o sangue escorria pelo bico. Era mais um que morria ao colidir com o vidro do meu escritório. São dezenas de joões-de-barro, sabiás e andorinhas que já morreram tentando atravessar o vidro invisível. Imaginava que fossem milhares a cada ano. Foi um susto descobrir que bilhões de pássaros morrem todos os anos ao se chocarem com janelas de vidro.

Faz décadas que os cientistas estudaram a colisão de pássaros com edifícios. Já sabemos que o número de colisões sobe com o aumento da área coberta por vidro, com a oferta maior de edifícios com vegetação ao redor, com a quantidade de luz refletida pelas janelas e, veja só, com a presença de locais de alimentação de pássaros próximos à construção. Mas o número exato de vítimas nunca havia sido estimado de maneira cuidadosa. Foi isso que os cientistas fizeram agora.

Primeiro, eles identificaram todos os estudos que estimavam o número de colisões em grandes áreas urbanas ou comunidades rurais. Foram também identificados estudos em cidades, bairros e prédios específicos. Depois de excluir estudos muito pequenos ou gerados como resposta a demandas judiciais, sobraram 23 estudos. Conjuntamente, eles descrevem 92 869 mortes de pássaros causadas por colisão com construções.

Alguns estudos envolviam somente prédios baixos, como um em Rock Island, em Illinois, onde foram monitorados vinte edifícios. Neles, a taxa de colisão foi de 2,6 pássaros por prédio por ano. Em Chicago, um único edifício monitorado entre 1978 e 2012 matou em média 1028 pássaros por ano. Um terceiro estudo monitorou 1165 casas, e cada uma, em média, causou 0,85 morte por ano.

Combinando os resultados desses 23 estudos com dados sobre a densidade de pássaros em cada município norte-americano, além do número e tipo de construções existentes em cada cidade, vila ou vilarejo no país, os cientistas puderam calcular o total de pássaros que morrem por ano devido a esse tipo de colisão nos Estados Unidos.

Essa análise cuidadosa permitiu estimar com 95% de certeza que o número de pássaros mortos a cada ano nos Estados Unidos está entre 365 milhões e 988 milhões. Em outras palavras, só existe 5% de chance de o número real ser menor que 365 milhões ou maior que 988 milhões. É um número altíssimo. Entre as causas de morte de pássaros, a única provocada pelo homem que registra mais casos são os gatos domésticos (1 bilhão de vítimas por ano). Agrotóxicos, caça e geradores eólicos não chegam nem perto de provocar essa taxa de mortalidade.

Os dados permitiram estimar o número aproximado de pássaros mortos em edifícios de até três andares (253 milhões/ano), casas e edifícios de até dois andares (339 milhões/ano) e grandes prédios (508 mil/ano). Ou seja, prédios altos, nas grandes cidades, causam menos mortes que os baixos e as residências.

Além desses números, foi possível identificar as espécies que morrem mais. O interessante é que, para cada tipo de edifício, a espécie de pássaro morta com mais frequência é diferente. Outro dado curioso é que algumas espécies colidem mais vezes, como é o caso do beija-flor, enquanto outras raramente atingem uma janela, como patos e marrecos.

Por fim, os dados permitiram identificar mais de vinte espécies de pássaros cujas populações estão diminuindo e que podem correr o risco de extinção entre os pássaros que morrem constantemente em colisões com edifícios.

Se esses resultados se confirmarem, é fácil imaginar que no mundo devem morrer bilhões de aves a cada ano por colisões com construções, um número da mesma ordem de magnitude da população de seres humanos no planeta.

Fiquei pensando: será que não seria melhor fechar minha janela preferida e ir ler na varanda? Afinal, quantas vidas de pássaros vale cada metro de janela envidraçada?

*Mais informações em: "Bird-building collisions in the United States: Estimates of annual mortality and species vulnerability". The Condor, v. 116, p. 8, 2014.*

# 5. O surgimento da cultura do canto

A capacidade do ser humano de se comunicar através da fala é determinada geneticamente. Todos nós nascemos com a capacidade de emitir sons usando nossas cordas vocais, herdamos a capacidade de ouvir estes sons e um cérebro capaz de associar os sons a significados. Mas a língua utilizada por este aparato sofisticado é adquirida culturalmente e totalmente determinada pelo meio ambiente em que fomos criados. Uma criança nascida em uma família que fala português não tem nenhuma dificuldade em aprender alemão se crescer em uma cidade onde todos falam alemão. Isto é confirmado pela observação de crianças que se desenvolvem sem interagir com outros seres humanos. Apesar de emitirem sons, não desenvolvem uma linguagem sofisticada. Desde o aparecimento do homem é provável que a transmissão cultural da linguagem tenha sempre ocorrido em paralelo ao desenvolvimento do aparato físico que permite que nos comuniquemos. Mas o que ocorreria se a transmissão cultural de uma língua fosse interrompida? Imagine um experimento em que diversas crianças, criadas sem ouvir sequer uma palavra, e incapazes de se comunicar, fossem colocadas em uma ilha por diversas gerações de modo a formar ao longo de séculos uma nova sociedade. Será que essa sociedade desenvolveria uma língua própria? Como seria essa língua? Esse experimento nunca será feito com seres humanos, mas um grupo de cientistas fez exatamente esse experimento utilizando pássaros e analisando seu canto.

O *zebra finch* (*Taeniopygia guttata*) é um pássaro australiano. Ele é criado em cativeiro e muito popular no Brasil, onde é chamado de mandarim. Tal como os seres humanos, esses pássaros herdam de seus pais a capacidade física de cantar, mas o canto (a língua) de cada animal é aprendido com os outros pássaros com quem ele convive durante a infância. As populações de mandarim de diferentes ilhas do Pacífico cantam de maneira distinta, do mesmo modo que as diversas populações humanas falam diferentes línguas. Se um pássaro recém-nascido for levado de uma ilha para outra, ele vai aprender o canto da ilha em que cresceu e ensinar esse mesmo canto para seus filhos.

Cientistas americanos criaram diversos desses pássaros sem contato com qualquer outro pássaro e analisaram detalhadamente o "canto" que eles emitiam. Tal como as crianças isoladas, esses pássaros emitiam sons muito estranhos e diferentes dos cantos originais. Cada pássaro desenvolvia seu próprio estilo de "cantar". No experimento seguinte eles utilizaram pássaros criados em isolamento como tutores de canto para filhotes recém-nascidos e descobriram que os filhotes adquiriram o modo de cantar de seus professores.

Mas o resultado mais interessante foi obtido quando um grupo de pássaros criados em isolamento total foi colocado em um viveiro também isolado de modo a formarem uma nova colônia. Nesse experimento foi possível analisar o canto dos fundadores da colônia, de seus filhos, netos e bisnetos. O que os cientistas descobriram é que ao longo das gerações o canto dos pássaros foi se modificando e adquirindo muitas das características, como os trilados e gorjeio, do canto dos pássaros encontrados nas diversas populações naturais. Na quarta geração o canto dessa nova cultura, apesar de diferente da língua cantada pelas populações naturais, possuía muito das características dos cantos encontrados na natureza.

Esse experimento demonstra que os traços principais da cultura do canto podem ser criados de novo em poucas gerações. É claro que o canto dos pássaros é muito diferente da linguagem falada pelos humanos, mas o experimento sugere que o ser humano talvez tenha a capacidade recriar a linguagem falada caso nossa herança cultural seja perdida.

*Mais informações em:* "De novo *establishment of wild-type song culture in the zebra finch*". Nature, v. 458, p. 564, 2009.

# 6. "Olha o rapa!"

"Olha o rapa!" Imediatamente os ambulantes recolhem os cobertores, e as mercadorias à venda desaparecem nas sacolas. Quando chega a polícia, as calçadas estão livres. A presa escapuliu. Esse comportamento, que pode ser observado entre humanos no centro de São Paulo, é um mecanismo comum em animais que vivem em grupos. Um membro do grupo, muitas vezes escalado para vigiar, soa o alarme e o bando foge rapidamente. É uma das vantagens da vida social. Agora, pela primeira vez, esse comportamento foi demonstrado em aves. O curioso é como as aves, que não falam, enviam o sinal.

O *Ocyphaps lophotes* é uma espécie de pombo com penacho que vive em grandes bandos que se alimentam de sementes e insetos nas planícies da Austrália. Quando um predador se aproxima, todos levantam voo imediatamente. Mas qual seria o sinal emitido pelo primeiro pássaro que observa o predador e como isso seria detectado pelo restante do grupo?

Os biólogos observaram que, quando um desses pássaros levanta voo normalmente, na ausência de um predador, ele ganha altitude lentamente; mas, na presença de um predador, o pombo bate as asas com muito mais força e atinge velocidades maiores em menos tempo. O curioso é que, durante essa decolagem rápida, o bater das asas do *Ocyphaps* produz um ruído típico, semelhante a um assobio, causado pela passagem do ar por entre as penas das asas. Intrigados por essa observação, cientistas gravaram não somente o assobio produzido durante as decolagens rápidas, mas também o ruído causado por uma decolagem lenta. Essas duas gravações foram reproduzidas na proximidade de grupos de pombos que se alimentavam na relva baixa, e o assobio das decolagens rápidas induzia o bando todo a levantar voo rápido. Por outro lado, o ruído de um pássaro levantando voo normalmente não alterava o comportamento dos animais, que continuavam a se alimentar de forma tranquila.

Esse experimento demonstra que o grupo é capaz de distinguir o sinal de perigo emitido pelo animal que decolou de maneira acelerada. Isso é importante, pois, da mesma forma que um alarme falso prejudica a venda dos ambulantes, se cada vez que um pássaro decolar todos fugirem em pânico, o custo desses alarmes falsos pode ser muito alto. Sobra menos tempo para se alimentar e muita energia é desperdiçada fugindo de predadores imaginários.

Os pesquisadores alteraram a frequência sonora e comprovaram que o bando responde somente ao assobio original. Por fim, foi possível identificar a pena da asa que provoca esse som. Quando essa pena é removida, o ruído deixa de ser emitido. Animais incapazes de produzir o assobio, mesmo quando decolam rapidamente, não conseguem transmitir o sinal de perigo. Isso comprova que o assobio — e não outra forma de sinalização — é o meio usado para soar o alarme.

Mas como essa mudança morfológica capaz de provocar o assobio teria sido selecionada ao longo da evolução?

Uma hipótese é que a pena alterada favorecia o animal que podia emitir o som simplesmente porque o ruído espantava outros pássaros, distraindo o predador e diluindo o risco de o portador da pena alterada ser devorado. Uma segunda hipótese é que o ruído era dirigido ao predador, avisando: "Eu já estou fugindo, suas chances são maiores se você tentar capturar um dos meus colegas". Qualquer uma dessas hipóteses explica como a capacidade de produzir o som pode ser vantajosa, mesmo que os outros pássaros não consigam utilizar a informação. Em um segundo momento, teriam surgido os animais capazes de reconhecer o som do colega em fuga e, ao fugir, melhoravam suas chances de reproduzir. De acordo com essa hipótese, bastaram dois passos para essa linguagem primitiva composta de uma única frase — "olha o rapa!" — surgir entre os pássaros.

*Mais informações em: "Flights of fear: A mechanical wing whistle sounds the alarm in a flocking bird".* Proceedings of the Royal Society B., *doi:10.1098/rspb.2009.1110, 2009.*

# 7. O beijo do beija-flor

Quem não viu? Com asas invisíveis de tão rápidas, ele se aproxima. Para. Introduz o bico no íntimo da flor. Retira o bico e vai beijar outra flor. Uma a uma, ele enche o pé florido de beijos. É assim que um beija-flor se alimenta. O beijo do beija-flor é de língua. E agora descobriram como ele usa a língua para coletar o néctar.

Beija-flores gastam uma quantidade enorme de energia para voar parados, e essa energia vem do açúcar presente no néctar consumido de cada flor. Se eles demorarem para coletar cada gota, a energia presente no néctar é menor que a dispendida pelo pássaro. E o beija-flor colapsa.

Faz décadas que se sabe que o beija-flor não suga o néctar com o bico: ele usa a língua. Durante o beijo, ela é esticada para fora do bico e toca a gota de néctar escondida no interior da flor. Depois o pássaro recolhe a língua, retira o néctar dela e repete a operação. Tudo isso ocorre em milésimos de segundo. Durante um beijo, que dura alguns segundos, o beija-flor mergulha a língua de catorze a dezessete vezes por segundo no néctar. Ele é um amante rápido e eficiente. Dada a velocidade e privacidade com que o beija-flor usa sua língua, é difícil para um voyeur estudar como é feita a captura do néctar.

A língua do beija-flor possui dois sulcos ao longo de seu comprimento. Até agora, acreditava-se que esses sulcos funcionavam como pequenos capilares rígidos. Ao tocar a gota de néctar, a tensão superficial do líquido faria com que ele subisse pelos sulcos. E era essa pequena quantidade de néctar que era trazida para o bico a cada lambida. Mas cientistas descobriram que com esse método a conta não fecha: a quantidade de açúcar coletada não seria suficiente para manter o beija-flor vivo. Havia algo de podre no reino da Dinamarca.

Então os cientistas resolveram filmar a língua de beija-flores durante o beijo. Para isso, construíram uma flor artificial totalmente transparente. Inseriram nela um néctar contendo um pouco de corante vermelho para facilitar a visualização e a penduraram no habitat natural de dezoito espécies de beija-flores, com uma filmadora capaz de capturar 1260 fotos por segundo perto dela. Aí foi só esperar os beija-flores. Foram obtidos quase cem filmes da língua em ação.

Analisando os filmes em câmera lenta, os cientistas descobriram como funciona a língua. Tudo o que vou descrever ocorre em vinte milissegundos.

Quando a ponta da língua sai da boca, os dois sulcos estão completamente colapsados, e a língua é fina, sendo espremida pelo bico, que é mantido quase fechado. Rapidamente, a ponta da língua toca a gota de néctar e se expande, sugando o néctar para o interior dos sulcos, que se abrem à medida que vão enchendo (é possível ver o néctar vermelho subindo pela língua enquanto ela engrossa). Os sulcos se enchem como se fossem duas seringas. Assim que estão cheios, o beija-flor recolhe a língua, que agora passa por um bico mais aberto. Pronto: o néctar está na boca.

Agora o beija-flor fecha o bico e empurra a língua para fora. Ao passar pelo bico quase fechado, a língua é espremida e deixa o néctar na boca do beija-flor. E tudo se repete. A língua de um beija-flor é capaz de chupar néctar dezessete vezes por segundo. Modelos matemáticos desse processo confirmam que ele garante a coleta de néctar suficiente para a sobrevivência do beija-flor.

E foi assim que cientistas voyeurs, filmando os aspectos mais íntimos do beijo de um beija-flor, descobriram o que provavelmente é a menor e mais rápida bomba existente na natureza.

*Mais informações em: "Hummingbird tongues are elastic micropumps".* Proceedings of the Royal Society B., *v. 282, p. 1014, 2015.*

*Vídeos:* <http://youtu.be/X9NnhblZ-Yw> *e* <http://youtu.be/NWEixfBVp0k>.

# 8. Macacos no espelho

Nenhum ser humano é capaz de observar a própria face. Como os olhos apontam para a frente, somos incapazes de observar nossa boca e bochechas. Apesar disso, todos reconhecemos a própria face no espelho. Somos uma exceção. Pouquíssimos animais são capazes de reconhecer o próprio reflexo. Mas agora um grupo de cientistas ensinou alguns macacos a se reconhecerem. Após adquirir esse conhecimento, os macacos passaram a se divertir usando o espelho para investigar partes do corpo que nunca tinham observado.

Os animais se espantam, fogem, atacam ou se apavoram quando colocados em frente de um espelho. É comum observarmos pássaros tentando bicar a própria imagem em uma vidraça. Basta um espelho fora do aquário para alguns peixes investirem contra o vidro. Compreender que uma imagem refletida no espelho representa o próprio indivíduo exige um cérebro sofisticado, capaz de criar uma representação abstrata do próprio corpo.

O teste clássico para saber se um macaco se reconhece no espelho é simples. Primeiro os cientistas colocam um espelho na jaula por vários dias. Depois uma pequena mancha vermelha, que não seja visível pelo próprio animal, é pintada no seu rosto. O animal é devolvido à jaula e os cientistas observam se o macaco percebe algo diferente em sua imagem no espelho. Se o macaco, após observar sua face pintada, tenta tocar com as mãos o local da mancha, os cientistas consideram que ele é capaz de reconhecer a própria face no espelho. Nesse teste, só passam os seres humanos e nossos parentes mais próximos, os chimpanzés, gorilas e orangotangos. Outros macacos não passam no teste.

Para ensinar um grupo de macacos (*Macaca mulatta*) a reconhecer a própria face no espelho, cientistas colocaram os macacos em uma cadeira e imobilizaram sua cabeça (as mãos ficavam livres). Na frente do animal, colocaram um espelho. Em seguida, apontaram um laser vermelho para um ponto fixo na cara do macaco. A mancha vermelha do laser podia ser vista no espelho e a potência dele era ajustada de modo a aquecer um pouco a pele do macaco, causando um pequeno desconforto. Isso levava o macaco a passar o dedo no local (essa reação é observada mesmo na ausência do espelho). Com o espelho presente, o macaco via a mancha vermelha no espelho, sentia o desconforto, levava o dedo ao local e observava no espelho o movimento de sua própria mão.

Depois de repetir esse procedimento por mais de um mês (meia hora por dia), os cientistas passaram à segunda fase do experimento. Agora o laser era de menor intensidade e não causava desconforto. Mesmo assim, observando no espelho a mancha vermelha, os macacos levavam a mão ao rosto tocando a mancha. Cinco dos sete macacos testados aprenderam o truque e, aparentemente, passaram a se reconhecer no espelho. Mesmo após três meses de escola, dois dos macacos não conseguiram aprender o truque.

Mas o mais interessante é que esses cinco macacos, quando colocados de volta em uma jaula com um espelho, passaram a observar o próprio reflexo com grande curiosidade. Primeiro faziam caretas e se divertiam com elas, identificando círculos pintados pelos cientistas em suas testas. Depois passaram o observar suas axilas, suas costas, a parte inferior de sua genitália e, por fim, o próprio ânus. Aos poucos, passaram a usar o que haviam aprendido para aprimorar a imagem mental de seu próprio corpo. Esse comportamento não foi observado nos animais que não haviam aprendido a se reconhecer no espelho.

Os macacos sofreram para aprender a se reconhecer. Em compensação, puderam usar esse aprendizado para se divertir e investigar o próprio corpo. Nada mau. Nossos filhos não precisam ser ensinados a se reconhecer no espelho: aprendem sozinhos antes dos dois anos. Mas todos sabemos como é difícil aprender a ler. Em compensação, uma vez dominada a técnica de leitura, passamos a nos entreter e aumentar nosso conhecimento do mundo. Foi isso que ocorreu com os macacos.

*Mais informações em: "Mirror-induced self-directed behaviors in rhesus monkeys after visual-somatosensory training".* Current Biology, v. 25, p. 212, 2015.

# 9. Chimpanzés são capazes de confiar

A confiança é parte indispensável da organização social. Em uma relação de confiança, um indivíduo abre mão de uma vantagem imediata e até aceita uma perda por acreditar que seu ato pode resultar num ganho futuro. Eu ajudo você hoje porque acredito que vai me ajudar amanhã. A confiança é minada por dois sentimentos. O primeiro é o egoísmo — impede que o indivíduo aceite uma perda no curto prazo. O segundo é a traição — o indivíduo recebe o favor, mas se esquiva de retribuí-lo. Não são relações de confiança aquelas ditadas diretamente pelo instinto ou por contratos nem relações regidas por leis ou coerção. Essa é a definição de confiança usada por economistas e psicólogos.

Nos seres humanos, as relações de confiança são mais fortes entre amigos e familiares. Mas existe uma grande polêmica sobre quando a confiança surgiu na face da Terra. Seria ela exclusiva dos seres humanos? Existiria entre outros animais? Agora os cientistas demonstraram que os chimpanzés não só confiam um no outro, mas confiam mais nos seus amigos mais próximos.

O estudo foi feito em um grupo de quinze chimpanzés, oito

fêmeas e sete machos, que vivem em uma reserva no Quênia. Essa colônia vive livre em uma área de 29 hectares. O estudo teve duas etapas.

Na primeira, todos os animais foram observados três vezes por dia. O objetivo dessa fase era determinar as relações de amizade entre os animais. Para um chimpanzé, amizade significa acariciar o outro animal, manter contato físico, ficar próximo e comer lado a lado. Medindo o tempo gasto individualmente pelos quinze animais nessas atividades, foi possível determinar para cada chimpanzé quem eram seus melhores e piores amigos.

Na segunda parte do experimento, os chimpanzés foram submetidos a um pequeno jogo para medir o grau de confiança que tinham no seu melhor e pior amigo. Cada membro do par a ser analisado era colocado em uma jaula. Dois trilhos ligavam as jaulas. Em um trilho estava uma caixa com poucas bananas ligada por uma corda ao macaco que estava sendo testado. Essa era a corda da "desconfiança". Se o macaco puxasse a corda, o alimento vinha direto para ele e o jogo acabava. No outro trilho estava uma caixa com duas partições contendo um alimento mais gostoso (bananas e maçãs) e em maior quantidade. A corda ligada a essa caixa, quando puxada, passava por uma roldana, o que levava a caixa para o outro macaco, e não para o que havia puxado a corda. Essa era a corda da "confiança". Se ela fosse puxada, a caixa ia para o outro macaco, que só conseguia pegar os alimentos de uma das duas partições. Após retirar sua metade, o macaco que recebia o "presente" tinha sessenta segundos para puxar a única corda disponível a ele, e a caixa voltava para o macaco que havia dado o presente. Se ele não puxasse a corda, o experimento terminava. Nesse arranjo, o macaco testado podia puxar a corda da "desconfiança" e ficar com poucas bananas, ou então puxar a corda da "confiança" e entregar muitas delícias para o parceiro. Nesse caso, o ato de confiança podia ser reciprocado, e ele recebia as frutas, ou o outro macaco podia trair a confiança e não devolver o carrinho. Dessa forma, o macaco testado ficava sem qualquer alimento.

Cada chimpanzé foi testado nesse aparato com seu melhor e pior amigo. Para cada par, o experimento foi repetido doze vezes. Um chimpanzé foi incapaz de aprender como o jogo funcionava e foi excluído do estudo. Os chimpanzés, em sua maioria, (treze dos catorze) acionavam a corda da "confiança" com maior frequência quando estavam jogando com seu melhor amigo e puxavam preferencialmente a corda da "desconfiança" quando estavam jogando com seu pior amigo. Por exemplo, um dos animais acionou a corda da "confiança" nas doze vezes que foi testado com seu melhor amigo, mas somente três vezes quando foi pareado com o pior amigo. Esse resultado demonstra que os chimpanzés confiam mais nos seus amigos. Os cientistas também observaram que essa confiança é justificada, e os amigos retribuíam devolvendo a caixa de fruta para o companheiro com mais frequência.

Esses experimentos demonstram que pelo menos um animal, além do ser humano, é capaz de julgar a confiabilidade de seus pares e estabelecer relações de confiança com seus amigos. Isso significa que os chimpanzés são capazes de julgar se outros indivíduos merecem ou não sua confiança e agir de acordo com esse julgamento. Sem dúvida, um comportamento bastante sofisticado, principalmente se considerarmos o número de vezes que nós, seres humanos, erramos quando fazemos o mesmo julgamento em relação a nossos amigos.

*Mais informações em: "Chimpanzees trust their friends". Current Biology, v. 26, p. 252, 2016.*

# 10. Macacos têm aversão à injustiça

Todos sentimos raiva quando injustiçados. Possuímos um senso profundo do que é justo ou injusto. Durante séculos se acreditou que o sentimento de justiça fosse uma característica adquirida pelo *Homo sapiens* durante sua educação. Nosso lado animal, agressivo e egoísta, seria domado durante a infância, gerando adultos justos e capazes de se indignar frente à injustiça.

Mas, em 2003, Frans de Waal publicou um experimento clássico. Colocou dois macacos em jaulas vizinhas e treinou os macacos para devolver pedras colocadas no interior da gaiola. Para cada pedra entregue, eles recebiam uma fatia de pepino. Lado a lado, os dois macacos eram capazes de repetir a tarefa inúmeras vezes, saciando-se com os nacos de pepino. Mas algo espantoso ocorria quando um dos macacos era recompensado com uma uva, em vez de uma fatia de pepino. O macaco que recebia a uva ficava feliz e continuava a entregar as pedras. Mas o outro, que podia observar o pagamento superior recebido pelo vizinho (a uva), revoltava-se. Parava de entregar as pedras ou atirava o pepino no cientista. O macaco que recebia um pagamento menor se recusava a cumprir a tarefa ao observar que seu vizinho recebia um salário maior pelo mesmo trabalho.

Esse teste mostrou pela primeira vez que os macacos têm uma forma de aversão à injustiça. Desde então, experimentos como esse foram aprimorados, sofisticados e repetidos em dezenas de espécies de mamíferos. Agora, Sarah Brosnan e Frans de Waal nos contam o que se descobriu nos últimos dez anos.

Logo se observou que diversos animais têm aversão à injustiça, inclusive os cachorros. Essa característica só foi verificada em animais sociais, em que existe cooperação entre indivíduos de uma mesma espécie, como macacos e lobos. Mas essa aversão à injustiça parecia contrariar os interesses do indivíduo. Afinal, para um macaco injustiçado não seria melhor continuar a receber pepino do que passar fome somente para protestar contra a injustiça?

Nos anos seguintes, experimentos mais complexos elucidaram a origem desse comportamento. Em um deles, dois macacos tinham que acionar duas alavancas simultaneamente para que a comida fosse entregue a ambos. Como um macaco não conseguia acionar as duas alavancas simultaneamente, era necessário que eles cooperassem. Depois que os pares aprendiam a acionar as alavancas no mesmo instante, tudo ia bem, contanto que ambos recebessem o mesmo pagamento (fosse ele miserável ou delicioso). Mas, quando um recebia mais que o outro, o prejudicado se revoltava e parava de colaborar (exigia o mesmo salário). Para o par auferir os lucros da atividade, eles precisavam colaborar. O que recebia menos (pepino) estava forçando o que recebia um salário maior (uvas) a perder junto (algo semelhante a uma greve que afeta o lucro do patrão). Ou ganhamos o mesmo, ou perdemos juntos. Com esses experimentos, ficou comprovado que a aversão à injustiça é provavelmente um mecanismo biológico importante para garantir a cooperação entre os animais.

Recentemente, um novo tipo de comportamento foi detectado, mas agora somente em chimpanzés e crianças humanas. É a chamada aversão secundária à injustiça. Nesse experimento, foi demonstrado que em certas situações o chimpanzé ao qual é oferecido o pagamento mais valioso (uva) se recusa a recebê-lo, a não ser que seu par receba o mesmo ou um pagamento semelhante. Esse comportamento é explicado da seguinte maneira: o macaco bem pago é capaz de prever a reação negativa do macaco mal pago; antevendo essa reação, ele evita a injustiça, apostando na possibilidade de continuar a colaborar com seu parceiro no futuro. Ele abre mão da remuneração maior para garantir o "emprego" de ambos no futuro. Nada mal para um macaco, algo muito difícil de observar entre seres humanos adultos, mas quase automático entre crianças de até quatro anos.

O que esses novos estudos demonstram é que a aversão à injustiça e os comportamentos que garantem a continuidade da colaboração é uma característica biológica, hereditária e, portanto, independente do aprendizado ou da cultura. A conclusão é que os macacos e o homem já nascem com um instinto de justiça, semelhante ao da fome e ao sexual.

Portanto, é ilusão imaginar que temos que ser educados para nos tornarmos justos. E pior, se existe uma influência da educação, ela pode ter o efeito oposto. É possível imaginar que a educação ocidental inibe nosso senso inato de justiça, nos transforma em seres competitivos e mesquinhos, que dificilmente trocam uma vantagem econômica pela chance de continuar a colaborar com os parceiros no futuro.

Talvez devêssemos investigar melhor nosso lado animal. Será que encontraremos outras características hereditárias, hoje inibidas pela educação, capazes de nos tornar animais melhores?

*Mais informações em: "Evolution of responses to (un)fairness". Science, v. 346, p. 1251776, 2014.*

*Vídeo:* <https://youtu.be/meiU6TxysCg>.

# 11. Chimpanzés podem jogar futebol?

A habilidade individual de cada jogador e a cooperação entre jogadores. Essas são as razões que me levam a apreciar um jogo de futebol.

A primeira é o resultado da interação entre a capacidade preditiva do córtex cerebral de cada indivíduo e seu sofisticado (e bem treinado) sistema locomotor. Usando os sinais vindos do sistema visual, o cérebro de um atacante prevê onde um passe longo vai aterrissar, dirige-se para o local, mata a bola no peito e chuta, com precisão, no canto do gol.

A segunda é ainda mais impressionante. Nosso cérebro é capaz de prever a reação de outros indivíduos e utilizar essa informação para colaborar com os que vestem a mesma cor, tentando ludibriar os que usam a outra cor. Tudo com o objetivo de marcar ou evitar que a bola entre no gol.

Enquanto a habilidade individual é um feito de partes que se comunicam entre si através de um mesmo sistema nervoso, a cooperação envolve indivíduos cujos sistemas nervosos não possuem conexões diretas. Os indivíduos são capazes de agir em conjunto ligados somente pelo conhecimento que possuem do comportamento dos outros, além das informações visuais e auditivas que seus cérebros recebem durante o jogo. É pouca informação. Um passe de calcanhar direciona a bola para o local em que o parceiro estará no próximo segundo. E o parceiro estará lá porque imagina que o passe pode vir, seu cérebro sabe como funciona o cérebro do colega de time. Cabe ao goleiro imaginar qual vai chutar para o gol.

Se existe um ser vivo capaz de chegar perto desse nível de cooperação, ele se chama chimpanzé. Na reserva de Kibale, em Uganda, pesquisadores observam regularmente grupos de chimpanzés colaborando com o objetivo de cercar e matar suas presas. A eficiência dessa atividade em grupo aumenta de acordo com o tamanho do grupo até que ele atinja o número máximo de seis indivíduos. Com mais de seis, a eficiência cai. Você já observou que dificilmente jogos coletivos entre humanos envolvem mais de seis jogadores? No futebol são onze, mas dificilmente existem jogadas em que mais de seis participam. Atividades coordenadas que envolvem mais de seis seres humanos, como sociedades, exércitos ou fábricas, só são possíveis com sistemas sofisticados de comando e controle. Meia dúzia de interações simultâneas parece ser um limite que nosso cérebro primata consegue processar sem obedecer a ordens externas.

Veja agora a atividade cooperativa mais sofisticada que cientistas conseguiram: fazer um grupo de chimpanzés jogar espontaneamente.

Onze chimpanzés (nada a ver com o número de jogadores em um time de futebol) que vivem juntos por mais de trinta anos em uma área cercada de 711 metros quadrados (um pequeno campo de futebol) foram desafiados com um jogo que envolve a cooperação entre dois ou três indivíduos (um número semelhante a uma linha de defesa ou ataque).

O objetivo é conquistar um dos seguintes prêmios para cada participante: uma uva, duas passas, uma rodela de banana ou um pedaço de batata-doce. Como os animais sempre tinham alimentos em abundância, o "prêmio" era simbólico. Uma primeira versão do jogo envolvia dois jogadores. Um tinha de puxar uma alavanca que liberava uma barreira, enquanto o outro precisava (simultaneamente) puxar outra alavanca que liberava os prêmios. Em caso de sucesso, ambos recebiam frutas (e dançavam comemorando o gol). Na versão mais complexa, era necessário o esforço conjunto de três animais. Era preciso que três alavancas fossem acionadas simultaneamente, por três animais distintos, para marcar o gol. As alavancas estavam distantes o suficiente para que um animal não conseguisse acionar duas alavancas ao mesmo tempo. Para ter sucesso, um indivíduo precisava se aproximar de uma alavanca e "convencer" os outros a ajudarem.

O jogo foi apresentado em uma das cercas do campo por uma hora, três vezes por semana, entre maio de 2011 e fevereiro de 2012. Os animais não eram coagidos de nenhuma forma a participar. As partidas foram filmadas.

Um total de 3565 gols (liberação de frutas) foi analisado. Dez dos onze animais se envolveram no jogo. Um nunca se interessou. Dos dez que se envolveram, um se destacou. Katie estava presente em quase 2500 gols. Outros quatro participaram de aproximadamente mil gols cada. O pior atacante foi Rita, que participou em somente oitenta gols. Como a relação de dominância na colônia de chimpanzés era bem conhecida, os pesquisadores descobriram pelas análises que os times vencedores eram aqueles em que os animais tinham o mesmo status no grupo. Em outras palavras, um chimpanzé tinha dificuldade em atrair seu superior ou seu subordinado para colaborar. Os times de iguais eram claramente a maioria.

A eficiência dos grupos também melhorou ao longo do tempo. Se no início os times precisavam em média de três tentativas (puxadas de alavanca) para conseguir coordenar suas ações, no final esse número foi reduzido pela metade: 1,5 tentativa. Nos primeiros jogos, o primeiro animal que chegava na alavanca ficava puxando o mecanismo repetidamente (dez vezes por minuto) até a chegada dos outros; mas, ao longo do tempo, eles aprenderam que era melhor começar a puxar a alavanca somente quando todos estivessem presentes, e esse número caiu para quatro vezes por minuto.

Esses resultados mostram que chimpanzés gostam e se engajam em atividades colaborativas para obter um prêmio simbólico, uma atividade não muito diferente da essência de um jogo de futebol. Mas veja quão simples tem que ser a atividade para que os chimpanzés consigam cooperar entre si e se divertir. Muito, muito longe da complexidade de um jogo de futebol. Dificilmente você verá um chimpanzé jogando futebol.

É pena que os cientistas não relatem o que faziam os outros sete chimpanzés enquanto três deles estavam jogando. Será que torciam? E, se torciam, faziam isso pelo sucesso dos seus pares ou pelo fracasso de seus superiores e subordinados?

*Mais informações em: "Ape duos and trios: Spontaneous cooperation with free partner choice in chimpanzees". PeerJ, v. 2, p. e417, 2014.*

# 12. Não é fácil ser nosso primo

Ser o primo do *Homo sapiens* não é fácil. Os chimpanzés que o digam. Somos predadores, demonstramos pouco respeito por outras espécies. Nossos ancestrais devoravam nossos primos com a mesma displicência com que engoliam uma banana. Mais tarde, com a dita civilização, começamos a respeitar cachorros e valorizar pássaros. Aos poucos, estamos descobrindo que nossa sobrevivência depende da saúde do planeta. Hoje sabemos que os chimpanzés são nossos parentes mais próximos.

O parentesco nos levou a respeitar a vida desses animais, mas também descobrimos que por essa mesma razão eles são os animais ideais para testarmos medicamentos — o único animal mais adequado que um chimpanzé é o *Homo sapiens*. Entre os menos apropriados estão porcos e roedores. Animais distantes não servem. Você aceitaria tomar um medicamento testado em uma ostra?

Isso levou milhares de chimpanzés ao cativeiro e às bancadas de laboratório. Fora algumas aberrações, cientistas que utilizam chimpanzés não o fazem sem um sentimento de culpa. Muitos acabam amigos desses animais, algo impossível de ocorrer com ratos ou camundongos. Nossos primos eram capturados na selva, enjaulados e levados aos laboratórios. Por volta de 1960, a crueldade dessa prática levou à criação de chimpanzés em cativeiro. Muitos desses animais nunca conheceram uma árvore.

Em 1970, a indignação com testes em chimpanzés levou cientistas a estudarem quão melhores eles eram que cães, porcos ou ratos. A conclusão foi que, em muitos casos, a vantagem de utilizar chimpanzés não se justificava, e seu uso foi aos poucos diminuindo. Tudo mudou por volta de 1980, com o surgimento da aids e a necessidade de desenvolver novos medicamentos. Na década seguinte, os chimpanzés voltaram aos laboratórios e foram essenciais para o desenvolvimento das drogas que controlam a doença, pois seu sistema imune é semelhante ao nosso. Passado o susto da aids, as campanhas contra o uso de chimpanzés voltaram com força total.

Foi em 2013 que o governo americano finalmente decidiu que não financiaria mais pesquisas com chimpanzés. Era necessário aposentar os mais de 1200 chimpanzés que habitavam os laboratórios. Nunca se pensou em simplesmente sacrificar os primos: eles teriam direito de se aposentar e viver o resto da vida em liberdade.

Os defensores dos chimpanzés decidiram construir santuários, grandes áreas onde esses animais poderiam ser libertados. Esses santuários hoje abrigam metade dos chimpanzés; os dois maiores alojam duzentos indivíduos cada. A outra metade continua nos laboratórios.

Mas por que ainda existem chimpanzés em laboratórios? Parte da razão é que os santuários têm dificuldade em conseguir os 20 mil dólares anuais necessários para manter um chimpanzé. Além disso, muitos cientistas reclamam que as condições dos santuários, onde os primatas são obrigados a viver em grupos, disputar comida e interagir socialmente, é simplesmente uma enorme crueldade imposta a animais que nasceram, cresceram e sempre viveram em cativeiros. Muitos chimpanzés enlouquecem.

Outra razão é que parte de nossos primos já são idosos, portadores de doenças crônicas e sequelas causadas pelos experimentos. Seus cuidadores acham que os animais são mais felizes desfrutando sua terceira idade no mesmo ambiente, tratados pelas mesmas pessoas. Esses cientistas se recusam a enviar seus chimpanzés aos santuários, exigindo que antes seja demonstrado que os animais serão mais felizes no novo ambiente. E isso é difícil de demonstrar. Outros simplesmente adotam seus chimpanzés e os levam para casa, como fariam com um parente idoso, mas isso é ilegal.

A conclusão é que não é fácil definir qual o melhor destino para nossos primos aposentados. Os cientistas que conviveram com eles por anos e seus novos defensores não conseguiram encontrar uma solução.

*Mais informações em: "Chimps in waiting". Science, v. 356, p. 1114, 2017.*

## V. *HOMO SAPIENS*

# 1. Nós somos aquela ovelha

Semana passada encontraram uma ovelha muito estranha na Austrália. Ela parecia uma enorme bola de lã. Somente as pontas das patas eram vistas saindo da bola e tocando o chão. Os veterinários ficaram espantados. Havia tanta lã cobrindo sua cabeça que os olhos estavam tampados. Ela quase não enxergava. A lã impedia que as fezes e a urina chegassem ao chão. Eram filtradas e escoavam por um emaranhado de fios. Os dejetos se acumulavam encharcando os pelos, onde crescia uma comunidade de micróbios e insetos. Quando foi tosada, produziu quarenta quilos de lã.

Os criadores acreditam que a ovelha tenha fugido, se perdido e passado dois ou três anos vagando pela região. Sem ser tosada, ela acabou nesse estado miserável. Mas se carneiros selvagens vivem livres pelas montanhas, por que uma ovelha perdida não é capaz de ser feliz?

A diferença é que essa ovelha não é um produto da seleção natural. É um ser vivo selecionado pelo homem. Faz milhares de anos que seus ancestrais foram retirados do ambiente natural. Durante séculos nós, humanos, substituímos a pressão exercida pelo meio ambiente pela pressão exercida por nossa preferência e vontade. A cada geração, selecionamos animais que produzem mais lã. A cada geração, usamos somente esses animais como reprodutores. Esse processo, repetido por centenas de gerações, produziu esse animal aberrante, incapaz de trocar seu próprio pelo ao longo das estações do ano. O resultado é uma ovelha que, se não for tosada regularmente, fica imunda, cega, incapaz de viver livre na natureza. Mas um animal ótimo para nós: um grande produtor de lã.

E isso não ocorre somente com ovelhas. Nossas vacas leiteiras produzem tanto leite que morrem se não forem ordenhadas. Nossos frangos crescem tão rápido que nunca conseguiriam sobreviver fora das granjas. Nosso milho, se for abandonado no meio das outras plantas, é incapaz de sobreviver. São espécies que deixaram de se submeter à seleção natural — o processo descrito por Darwin, em que a capacidade de sobreviver e reproduzir no seu ambiente é o que conta — e foram selecionadas pelo homem para produzir o que nos interessa: lã, carne, ovos e sementes. Elas se tornaram úteis para nós, mas inviáveis nos ecossistemas onde surgiram.

De certa maneira, é possível argumentar que o *Homo sapiens* vem sofrendo um processo semelhante. No nosso caso, não fomos distanciados de nosso meio ambiente original por um outro animal mais poderoso, como ocorreu com as ovelhas: fomos separados das forças de seleção natural por uma parte de nosso corpo, o cérebro. O que vem nos isolando da natureza é a tecnologia gerada por nossa inteligência e criatividade. Domesticamos plantas para não precisar coletar comida, inventamos lanças para não precisar agarrar a presa à unha, domesticamos ovelhas para produzir casacos e nos isolar do frio. Cada nova tecnologia nos isola um pouco mais das forças da seleção natural, a força que nos tornou viáveis ao longo de milhões de anos. Remédios nos separam da força seletiva dos parasitas e outras doenças. Cirurgias corrigem erros que seriam motivo de morte precoce na floresta. E assim vai. Até da noite somos distanciados pela eletricidade; e do sol, por óculos escuros e filtros solares.

O que aconteceria com um ser humano médio se fosse largado no interior da Austrália como nossa ovelha? E o que aconteceria com a humanidade se todas as tecnologias desaparecessem em um piscar de olhos? Imagine sua vida sem agricultura, sem animais domesticados, sem fogo, sem eletricidade, sem medicina, sem dinheiro e sem internet. Provavelmente grande parte da população morreria em dois ou três meses.

Da mesma maneira que tornamos impossível a vida da nossa ovelha em seu ambiente de origem, tornamos impossível nossa sobrevivência em nosso ambiente natural. Isso porque fomos isolados da natureza e domesticados por nossa própria tecnologia. A ovelha depende da tesoura e da tosa, nós dependemos do ambiente artificial que criamos a nossa volta. Não que exista muito que possamos fazer agora para remediar o beco em que nos metemos como espécie. Mas não tenho dúvida de que, de certa maneira, nós somos aquela ovelha.

# 2. O coelho, a vaca, um filósofo e Darwin

Sentando na padaria com um pingado e um pão na chapa, eu acabava de ler sobre a lei da chinchila, quando ouvi a conversa da mesa ao lado. Aparentemente, um coelho e uma vaca discutiam o mesmo assunto.

O coelho, branco e fofo, com suas orelhas rosa, trêmulas de felicidade, não conseguia controlar a euforia.

Você viu? Os seres humanos decidiram que é proibido criar animais com o objetivo de produzir peles, está na nova lei das chinchilas, vamos ser todos soltos, estamos livres. Vamos poder correr pelos campos floridos.

A vaca, seguramente holandesa, com a paciência dos animais que ruminam, balançava a cabeça esperando o coelho terminar. Só então deu a má notícia.

Calma, essa nova lei não se aplica aos coelhos. Só as chinchilas serão beneficiadas. Afinal, perguntou a vaca, os seres humanos comem ou não carne de coelho? Comem, admitiu o coelho, lembrando do seu pai, já sem pele e patas, dependurado em um gancho. Então, disse a vaca, os humanos são detalhistas: a lei diz que é proibido criar animais com o fim exclusivo de produzir peles. Se a lei não tivesse a palavra "exclusivo", ela também se aplicaria a nós, bovinos, ou você esqueceu que bancos de carros e sapatos são feitos com a nossa pele?

Os olhos modorrentos da vaca encontraram os tristes do coelho, agora ladeados por orelhas murchas. Um misto de frustração, inveja e raiva. Realmente, admitiu o coelho, aqueles animaizinhos insignificantes possuem menos carne que um rato; nem fritos à passarinho eles devem ser gostosos. E, num ímpeto de maldade, acrescentou: que morram todos! Agora que sua criação foi proibida, os humanos não terão opção senão matar centenas de milhares de chinchilas.

Realmente, concordou a vaca, pelo menos continuaremos vivos. Vocês continuarão em gaiolas apertadas, procriando loucamente; e nós, separadas de nossos filhos, continuaremos sugadas por aquelas máquinas horrendas que extraem até a última gota de nosso leite. Mas continuaremos vivos.

Foi nesse momento que uma coruja pousou no espaldar da cadeira vaga. Decidiu filosofar e perguntou: qual é a vida que vale a pena ser vivida? Como todo filósofo, a coruja perguntou e respondeu. Sua vida tem desvantagens, não há dúvida, mas também tem seus privilégios: vocês não têm que procurar comida todos os dias, reproduzem-se à vontade e suas doenças são tratadas. Continuou. Desfrutam o privilégio de ter duas das principais necessidades animais garantidas. Eu luto para encontrar comida nessa cidade. E sexo, nem pensar. Admito, vocês morrem cedo, mas por outro lado têm uma morte rápida. Aliás, como qualquer animal, nem sequer sabem que vão morrer.

A vaca e o coelho balançaram a cabeça concordando, e a coruja continuou. Vejam seus captores, os seres humanos. Uma grande parte deles vive em condições muito piores, não conseguem alimentos, observam seus filhos morrendo de fome ou doenças. E quando vivem até mais tarde acabam morrendo lentamente, com anos de sofrimento, consumidos por um tumor ou agonizando com uma doença crônica. E, pior, eles sabem que vão morrer. Então, a vida de vocês vale a pena ser vivida, ou vocês preferem a extinção? A coruja se calou, orgulhosa do argumento.

Durante o silêncio que se seguiu, um senhor barbado usando paletó e colete entrou na padaria e se sentou na cadeira vaga. Charles, se apresentou, Charles Darwin. Ouvi alguém falando em extinção? A vaca, o coelho e a coruja se entreolharam. Atualizaram o recém-chegado, que logo decidiu dar seu pitaco na conversa. A espécie humana, explicou, é sem dúvida o mais perigoso predador que surgiu na superfície da Terra. Conseguiu domesticar, ou melhor, escravizar plantas e animais que hoje vivem e morrem para o bem do ser humano. Vocês, sr. Coelho e sra. Vaca, fazem parte desse grupo de espécies escravizadas e privilegiadas. Já a senhora, d. Coruja, faz parte de todo o resto dos seres vivos do planeta, que são considerados inúteis pela maioria dos humanos, estão sendo perseguidos, caçados e extintos. Dada a fome expansionista das pessoas e a condição de degradação do planeta, privilegiadas são as espécies escolhidas pelo homem. Podem sofrer, mas têm sua sobrevivência garantida. Cães, gatos, vacas, trigo e milho serão as últimas espécies a desaparecer da face da Terra, e isso só vai acontecer um pouco antes do desaparecimento do ser humano. Podem ficar tranquilos, vocês vivem melhor que muitas pessoas.

O coelho e a vaca se levantaram mais animados, agora com pena das chinchilas que serão soltas ou mortas. A coruja levantou voo, desviou dos fios em direção a uma árvore e, satisfeita, imaginou: com tantas chinchilas soltas por aí, minha dieta vai melhorar. E eu decidi que não poderia perder a oportunidade de conhecer

Darwin pessoalmente. Mas, ao me virar para a mesa de onde vinha a conversa, descobri que ele já não estava lá.

*Mais informações em:* "Chinchilas não poderão ser criadas para extração de pele em SP". O Estado de S. Paulo, *28 out. 2014.*

# 3. Inveja do ganso

Enquanto pensava em como explicar metamemória, os gansos não saíam da minha cabeça. Aí mudei de ideia.

Às segundas, quartas e sextas, levanto mal-humorado com a perspectiva de ter de cuidar um pouco do corpo. Me arrasto até a academia, corro até perder o fôlego, levanto peso até ter certeza de que nos dias seguintes vou ficar dolorido, faço cara de sofrimento para ver se consigo uma moleza do treinador. Nada. São três séries de quinze. Alongo e me arrasto de volta. Tudo isso para ficar minimamente em forma, garantir uma glicemia razoável, um colesterol aceitável e evitar um segundo *stent*.

E o pior é que meus músculos não têm memória — basta ficar um mês sem treinar que tudo descamba, o fôlego falta, o braço amolece. Por que os músculos não são como nosso cérebro, que, uma vez submetido ao exercício de aprender, guarda a informação por décadas? Como seria a vida se, após dois meses de exercício, ficássemos em forma por décadas, se os músculos desaprendessem tão lentamente quanto o cérebro? Se um mês de exercício por década fosse suficiente. Ou, melhor ainda, se nosso corpo, uma vez treinado, se mantivesse treinado por toda a vida, se musculação fosse como andar de bicicleta — uma vez aprendido, nunca esquecido.

Esses pensamentos ocuparam minha meia hora de esteira. E tudo por causa dos malditos gansos que não me deixavam concentrar na história sobre a metamemória que tinha decidido escrever.

O fato é que cientistas que estudam migração de pássaros descobriram algo impressionante. Esses caras instalam pequenos sistemas de rádio com GPS nas aves para estudar sua migração. Para isso precisam capturar o bicho, instalar o equipamento, soltar o animal e esperar que ele inicie a migração, o que pode ocorrer semanas ou mesmo meses depois de o equipamento ser instalado. Durante décadas, usando esse protocolo, foi possível estudar as incríveis proezas migratórias das aves. Muitas delas voam milhares de quilômetros sem pousar, orientando-se pelas estrelas. O ganso que me atormentou a manhã faz a rota Mongólia-Índia, por cima do Himalaia, duas vezes por ano. Uma maratona de 3 mil quilômetros sem escalas.

Até recentemente, os cientistas só se preocupavam com os dados enviados pelos equipamentos durante o voo. Ninguém conta como isso aconteceu, mas imagino que algum estudante, provavelmente um maratonista, resolveu pesquisar como os tais gansos se preparavam para a jornada. Será que eles faziam voos curtos e aumentavam a intensidade antes da migração? Entupiam-se de carboidratos? Treinavam? E foi essa curiosidade que levou os cientistas a recuperar e analisar os dados enviados pelo GPS entre o dia da instalação e o dia do início da migração. Já imagino o projeto de pesquisa submetido pelo aluno: "Preparo físico entre os gansos asiáticos". E o subtítulo, caso o financiador fosse interessado em tecnologia: "Sua aplicação no treinamento de atletas".

Pois bem, os caras juntaram os dados e foram estudar o que

os gansos faziam nas semanas e meses que antecedem a jornada. E o resultado foi surpreendente: eles não fazem nada. Ficavam numa boa, curtindo a vida, comendo, namorando, passeando na borda do lago ou nadando relaxados. E num dado momento decolam e voam 3 mil quilômetros. Sem treino, sem aquecimento, sem preparo.

Feita a descoberta, diversos grupos resolveram reexaminar os dados que haviam coletado, e o resultado foi semelhante: os pássaros, em sua maioria, não se preparam para suas longas maratonas semestrais. São meses de ócio intercalados por dias de exercício intenso. Entendeu por que os gansos não saíam da minha cabeça?

Agora falta entender por que animais como nós precisam treinar para não perder a forma física, enquanto outros se mantêm em forma sem qualquer esforço. Quero virar ganso.

Voltando da academia, fiquei pensando. Será que trocaria minha memória durável e meus músculos lábeis pelos músculos duráveis das galinhas e sua memória efêmera? Aliás, você já reparou que, quando para de correr atrás de uma galinha, ela vai do pânico total ao ciscar tranquilo em menos de três segundos? Vale a pena fazer o experimento.

# 4. De costas para o futuro

Preste atenção nestas três frases:
1 — "Quando John Lennon morreu, 37 anos atrás, eu estava em Nova York."
2 — "Quando John Lennon morreu, 37 anos à frente, eu estava em Nova York."
3 — "Quando John Lennon morreu, 37 anos abaixo, eu estava em Nova York."

Essas frases são exemplos de como diferentes culturas relacionam a dimensão espacial e temporal da realidade. Na maioria das culturas ocidentais, imaginamos o futuro como estando localizado à nossa frente e o passado estando atrás ("A vida é longa, é preciso ir em frente"). Mas para os mais de 2 milhões de habitantes da Bolívia, Peru e Chile que falam a língua aimará, o passado se encontra à nossa frente e o futuro nas nossas costas. A palavra "*nayra*" é usada para descrever a posição de um objeto à nossa frente e também um acontecimento no passado. A palavra "*qhipa*" descreve algo no futuro e também algo que está atrás de nós. Nessa comunidade, quando alguém se refere ao futuro, normalmente gesticula apontando para trás das costas, e quando se refere ao passado aponta o espaço na sua frente. Já os *yupno*, que habitam um vale isolado em Papua-Nova Guiné, sempre que se referem ao passado apontam para baixo; e ao se referirem ao futuro, para cima.

Não há dúvida de que cada um de nós se encontra, a cada momento, em um local do espaço (estou sentado na frente de um computador) e em determinado momento no tempo (são 10h15 do dia 30 de maio), mas não existe nenhuma relação física obrigatória entre essas duas dimensões de nossa existência. Na realidade, se você pensar bem, é até estranho que todas as línguas, de uma forma ou de outra, criaram essas relações. Por que associar o futuro à nossa frente, ou às nossas costas, ou ao plano mais baixo? Por que motivo o Egito de Cleópatra estaria atrás de nós? Essa associação, em princípio, não seria necessária. E é fácil imaginar uma situação em que as palavras que definem posições no espaço não teriam nenhuma relação com as que definem posições no tempo.

No caso da associação presente nas línguas ocidentais (futuro na frente, passado atrás), talvez a explicação esteja no ato de andar. Ao andar, olhamos para a frente, e o local em que estaremos no futuro próximo está à nossa frente. Já o local por onde passamos recentemente está nas nossas costas. O futuro distante, muito à nossa frente; e o passado distante, muito atrás. Talvez seja por isso que nosso cérebro faça essa associação.

Mas os aimarás parecem ser mais sofisticados. Quando se pergunta a um aimará por que o futuro está nas costas e o passado na frente, ele tem uma boa explicação. O futuro é desconhecido, inacessível aos nossos sentidos e ainda não presente na nossa memória. É lógico para eles que algo desconhecido e fora do campo de visão esteja atrás. Já o passado é conhecido, já foi vivido, está presente na nossa memória e disponível para exame. É natural que ele esteja no nosso campo de visão, na nossa frente.

No caso dos *yupno*, os antropólogos ainda estão tentando entender por que o passado está associado ao fundo do vale onde vivem e o futuro às partes mais altas das montanhas. Uma possibilidade é que, ao longo do tempo, a tribo foi habitando cada vez lugares mais altos.

O fato de nosso cérebro criar esse tipo de relação arbitrária, entre duas dimensões físicas (tempo e espaço), nos leva a acreditar que essa relação é natural. A maneira como essa associação se cristalizou em diferentes culturas talvez tenha implicações importantes no desenvolvimento das sociedades e da estrutura de nossa memória. Será que a crença ocidental de que o futuro pode ser previsto (vislumbrado ainda que de maneira opaca na nossa frente) se originou da associação do tempo futuro ao espaço à nossa frente? Se imaginássemos que o futuro está atrás (como os aimarás) e indisponível para nossos sentidos, teríamos tanto interesse em desenvolver conhecimentos que permitem prever o futuro, como as leis da física e da química? E como seria nossa relação com a memória do passado se, para nosso cérebro, ela estivesse colocada à nossa frente? Viveríamos mais ligados ao passado que ao futuro?

O mais interessante dessa descoberta é que ela demonstra, mais uma vez, que a realidade habitada pela nossa consciência é uma construção de nosso cérebro elaborada durante o processo evolutivo. É muito provável que essa associação tenha sido útil e vantajosa para nossos ancestrais que caçavam nas estepes africanas e se preocupavam com o alimento das próximas horas, mas não se preocupavam com a geometria euclidiana ou com a extinção dos dinossauros. Nossa percepção de que o futuro está diante de nós é uma ilusão criada por um cérebro que, durante milênios, evoluiu dentro de um animal no qual o andar para a frente era a atividade dominante. Nessas condições, frente e futuro ficaram associados — por isso damos as costas para o passado e caminhamos para o futuro. Somos realmente um animal muito estranho, habitado por uma mente que, na melhor das hipóteses, recebe do cérebro uma visão distorcida da realidade.

*Mais informações em: "Where time goes up and down".* Science, v. 336, p. 411, 2012.

# 5. Quando as crianças olhavam para a frente

Muito otimistas, os seres humanos associam a palavra *novo* à palavra *melhor*. Gostamos de descrever as mudanças na nossa vida como "o progresso da humanidade".

Mas o novo não é sempre melhor. A redescoberta dessa afirmação óbvia é uma das novidades desse início de século e tem aumentado nosso interesse pelo modo de vida nas sociedades ditas primitivas. Você segue a dieta do caçador ou é vegetariano? Que tal corrermos descalços? Educar em casa ou na escola? E o colchão, não deveria ser mais duro?

Nosso passado é longo. Os ancestrais do *Homo sapiens* surgiram 1 milhão de anos atrás. Durante os primeiros 800 mil anos, viveram coletando o alimento de cada dia, todo dia, o dia todo. Vagavam pelas estepes e florestas africanas fugindo dos predadores. Nós, os *Homo sapiens,* surgimos faz aproximadamente 200 mil anos e somos descendentes dos indivíduos que sobreviveram a essa intensa seleção natural que durou 800 mil anos. Nesses últimos 200 mil anos, ainda passamos 185 mil anos vivendo em pequenos grupos, coletando raízes, caçando, pescando, nos espalhando por diversos continentes. Os nossos antepassados que sobreviveram a esse tipo de vida descobriram a agricultura e domesticaram os animais há 15 mil anos; desses, passamos 10 mil em pequenas vilas. Faz talvez 5 mil anos que nos organizamos em cidades maiores e somente duzentos anos que ocorreu a Revolução Industrial.

Nessa história de 1 milhão de anos, o passado recente não é a Revolução Francesa ou a locomotiva a vapor, como insistem os currículos escolares. O ontem é o fim da Idade da Pedra, a organização social de tribos nômades e o modo de vida dos primeiros agricultores. O carro e a internet surgiram faz alguns segundos.

O novo livro de Jared Diamond (*O mundo até ontem*) é sobre esse ontem e sobre o que ele pode nos ensinar. São quinhentas páginas de observações fascinantes. Aqui vai um aperitivo para aguçar seu apetite.

Nas sociedades tradicionais, as crianças são carregadas pelas mães antes de aprenderem a andar. Em todas as culturas tradicionais, logo que a criança consegue firmar o pescoço, ela é transportada na posição vertical. Pode ser nas costas ou na frente da mãe, seja com o auxílio dos braços, seja utilizando dobras das roupas ou artefatos construídos para esse fim. Nessa posição, o campo visual da criança é aproximadamente o mesmo da mãe. Ela olha para a frente e pode observar todo o ambiente em sua volta praticamente do mesmo ângulo e da mesma altura da mãe. O horizonte, as árvores, os animais e seus movimentos são observados pela criança da mesma maneira que a mãe observa seu ambiente. Quando um pássaro canta e a mãe vira a cabeça para observar, a criança também tem uma chance de associar o canto do pássaro à plumagem dele. A criança observa o trabalho de coleta de alimento da mãe, como ela prepara a comida, o que a assusta, o que provoca o riso ou a tristeza na mãe. Carregar uma criança na posição vertical faz parte do processo de educação.

Isso era ontem. E como é hoje? Inventamos o carrinho de bebê. As crianças menores são transportadas deitadas de costas, olhando para o céu (ou para a face da mãe). A criança não compartilha a experiência visual da mãe, não consegue associar as expressões faciais da mãe a objetos e sentimentos. Os sons ouvidos pela criança dificilmente podem ser associados a experiências visuais, atividades ou sentimentos. Deitadas, as crianças modernas só observam o teto (dentro de edifícios) ou o céu (ao ar livre). Como o céu é claro e incomoda a vista, muitos desses carrinhos possuem uma cobertura de pano, o que restringe ainda mais o campo de visão e empobrece a experiência visual da criança. Não é de se espantar que um bebê, cujos ancestrais foram selecionados para aprender a observar o meio ambiente desde o início da sua vida, fique entediado. Mas para isso temos uma solução moderna: uma chupeta que simula o bico do seio da mãe. Hoje, carregar uma criança é considerado um estorvo, mas nossa nova solução distancia fisicamente a criança da mãe e não permite que elas compartilhem experiências sensoriais. Transportar uma criança deixou de fazer parte do processo educacional.

Hoje sabemos que o desenvolvimento do córtex visual — a parte do cérebro que processa imagens — não termina durante a vida fetal, mas continua após o nascimento e depende do estímulo visual constante para amadurecer. Os carrinhos de bebê de hoje são mais modernos, mas será que são melhores?

É incrível, mas hoje, numa época em que educar para o futuro é o lema de toda escola, numa época em que tentamos alfabetizar as crianças cada vez mais cedo, abandonamos o hábito milenar de permitir que as crianças olhem para a frente e compartilhem as experiências vividas por suas mães.

*Mais informações em: O mundo até ontem: O que podemos aprender com as sociedades tradicionais?, de Jared Diamond, trad. de Maria Lúcia de Oliveira. Rio de Janeiro: Record, 2014.*

# 6. A raiz de nossa curiosidade

Que o ser humano é curioso não é novidade. Mas o que desperta nossa curiosidade? Nos adultos, é fácil: qualquer evento novo, desconhecido. E num recém-nascido, quando tudo é novo? Inicialmente se acreditava que tudo, absolutamente tudo, aguçava a curiosidade de um recém-nascido. Então foi feito um experimento clássico que destruiu esse mito. Ele funciona com bebês de no mínimo dois meses de idade.

Um brinquedo colorido é colocado sobre uma mesa. O cientista esconde o brinquedo com uma tampa e coloca outra tampa (sem nada embaixo) sobre a mesa. Após alguns segundos, o cientista retira ambas as tampas revelando novamente o brinquedo. Mas aqui entra o truque: manipulando o brinquedo por baixo da mesa, ele pode reaparecer embaixo da tampa original (aquela que o bebê havia visto ser colocada sobre o brinquedo) ou debaixo da outra tampa (onde antes não havia nada). Monitorando os olhos dos bebês, os cientistas demonstraram que o resultado inesperado (o reaparecimento do brinquedo na tampa errada) chama muito mais a atenção do bebê: ele passa mais tempo observando o brinquedo. Essa observação demonstra que o inesperado é um estímulo para o recém-nascido; além disso, demonstra algo muito mais básico sobre a natureza humana. Se ao nascer já estranhamos que alguma coisa reapareça no lugar "errado", então nosso cérebro já nasce com um modelo do que é esperado (ele "sabe" que o brinquedo não pode mudar de lugar) e, portanto, com um modelo mental de como operam as leis do mundo físico. Mas qual a vantagem de nascermos com expectativas já definidas de como o mundo funciona?

Agora essa pergunta foi respondida. Dois cientistas demonstraram que, quando a expectativa de um bebê é violada, ele aprende muito mais rápido e testa experimentalmente seu conhecimento.

Os novos experimentos são parecidos com o anterior. Usando truques semelhantes, os cientistas desafiaram a expectativa de bebês com menos de doze meses de idade. Um experimento desafia a expectativa de continuidade temporal (o brinquedo reaparece no lugar errado); outro, de solidez (um carrinho ou uma bola parecem atravessar uma parede sólida); e o terceiro, de suporte (o brinquedo não cai quando o suporte é retirado). A diferença é que nesses experimentos os cientistas, após deixar os bebês olharem espantados o resultado inesperado, pegam o objeto (bola, carrinho, boneca) e revelam para o bebê uma propriedade oculta do objeto (um som que o objeto produz). Em seguida, os cientistas avaliam se o bebê associou o som ao objeto. Os cientistas descobriram que, quando o objeto apresenta comportamentos inesperados (passam por paredes sólidas ou reaparecem em lugares inesperados), os bebês memorizam facilmente o som associado. Isso demonstra que eles aprendem melhor quando estimulados pelo inesperado.

Na última etapa do experimento, os cientistas deixam os bebês brincarem com os objetos usados nos experimentos. Aí a coisa fica interessante. Eles preferem os objetos que apresentaram comportamento anormal (por exemplo, passaram por um objeto sólido) e, nesse caso, a brincadeira preferida é tentar repetir com o objeto o que observaram (batendo com o objeto na mesa). Mas, se o brinquedo não caiu quando o suporte foi retirado, o bebê joga o objeto no chão para ver se ele cai. Se o brinquedo reapareceu num local estranho, ele tenta ocultar o objeto. Nada disso ocorre de forma reprodutiva se o objeto escolhido tiver se comportado de maneira "normal" na primeira parte do experimento.

A conclusão é que nascemos com uma ideia pré-formada do mundo, e objetos que não se comportam como esperado despertam curiosidade. Aspectos associados ao objeto são rapidamente memorizados. Além disso, quando conseguimos obter esse objeto, tentamos repetir o observado (uma versão simples do método científico). E tudo isso antes de fazermos um ano, antes de falarmos e antes de aprendermos a andar. Nada mal.

Essas descobertas sugerem que esse mecanismo cerebral, capaz de identificar comportamentos estranhos e testar a reprodutibilidade desses comportamentos, permite ao ser humano focar seu esforço de aprendizado em coisas novas. Esse mecanismo seria essencial para que o cérebro, ante a enorme diversidade das experiências vividas na infância, selecione o que é realmente novo e foque sua capacidade de aprendizado nessas experiências, aumentado sua eficiência. Essa é a raiz de nossa curiosidade. É tentador pensar que esse mecanismo mental permitiu o surgimento da ciência. Mas é importante lembrar que é esse o mecanismo explorado habilmente por aqueles que são ótimos professores.

*Mais informações em: "Observing the unexpected enhances infants' learning and exploration". Science, v. 348, p. 91, 2015.*

# 7. Neotenia e educação infantil

A neotenia permitiu ao ser humano desenvolver um cérebro sofisticado e uma inteligência muito superior à dos outros primatas. O que poucos sabem é que a educação, em muitos aspectos, é uma tentativa dos pais e das escolas de reverter o processo que nos tornou humanos.

Você já deve ter visto desenhos em que os ancestrais do *Homo sapiens* formam uma fila. Na esquerda, curvado sobre si mesmo, peludo, com uma cara alongada e uma cabeça proporcionalmente menor, está nosso ancestral mais distante. No lado direito, ereto, sem pelos, com uma cabeça redonda e proporcionalmente maior, está o homem moderno. Esses desenhos tentam representar de forma simplificada as diferenças entre os indivíduos adultos de cada espécie que antecedeu o homem moderno. Imagine agora uma coluna vertical sob cada um desses indivíduos. Em cada uma delas, imagine o desenvolvimento desses indivíduos, desde o óvulo fecundado (na extremidade inferior) até o jovem adulto (na extremidade superior). Observe que, nesse desenho hipotético, o eixo vertical descreve as mudanças de um indivíduo ao longo do tempo (desde a fecundação até a maturidade sexual). É o que os biólogos chamam de *ontogenia* (formação do ser). Nesse eixo, o tempo é medido em anos. Já o eixo horizontal descreve as mudanças nas espécies ao longo do tempo, produto do processo de seleção natural — é o que os biólogos chamam de *filogênese*. Nesse eixo, o tempo é medido em centenas de milhares ou milhões de anos. Esse desenho bidimensional pode ser construído para qualquer espécie e, no caso do homem, vem sendo aprimorado nos últimos duzentos anos, à medida que os antropólogos descobrem novas espécies em nossa linhagem evolutiva e esqueletos de crianças, adolescentes e adultos de cada uma dessas espécies.

Examinando esse esquema, é possível comparar o desenvolvimento ontogenético ao longo da filogenia. No caso das espécies que deram origem à nossa, essa análise mostrou que o homem moderno adulto tem características muito semelhantes às presentes nas formas infantis de nossos ancestrais. É por esse motivo que um filhote de chimpanzé possui uma face semelhante à de um homem adulto. Tanto o homem adulto quanto o chimpanzé criança possuem cabeças redondas e faces planas, sem a maxila e a mandíbula proeminente encontrada no chimpanzé adulto. A presença de diversos caracteres infantis de nossos ancestrais nas formas adultas de nossa espécie é evidente e universalmente aceita. É como se, ao longo da filogenia, os últimos passos da ontogenia de nossos ancestrais tivessem desaparecido, fazendo com que os adultos de nossa espécie ficassem semelhantes aos jovens de nossos ancestrais. Os biólogos chamam esse fenômeno de *pedomorfismo*.

Mas o que ocorreu para que essas características infantis de nossos ancestrais persistissem nos adultos de nossa espécie? Analisando com cuidado esses diagramas bidimensionais, os biólogos descobriram que ao longo da evolução houve um gradual retardo do desenvolvimento ontogenético, de modo que o "amadurecimento" do ser humano moderno é muito mais lento. Como esse processo dura mais tempo, atingimos a maturidade sexual num momento em que ainda mantemos características presentes nas crianças de nossos ancestrais. É exatamente esse alongamento do tempo que levamos para nos desenvolver que é chamado de *neotenia*.

O interessante é que o desenvolvimento mais lento do sistema nervoso é um dos mecanismos que levaram nosso cérebro a ser tão diferente do de nossos ancestrais. O que se acredita hoje é que nossa capacidade cognitiva se desenvolve de forma lenta e gradual — e, exatamente por esse motivo, chegamos "mais longe" que nossos ancestrais. Se por um lado isso nos permite ter um sistema cognitivo mais sofisticado, esse retardo faz com que as crianças dependam por muito mais tempo da ajuda dos pais (um potro está de pé e correndo uma hora depois do parto). É por esse motivo que os cientistas acreditam que a neotenia foi tão importante para nos tornarmos o que somos.

O curioso é que, na educação moderna, parte dos pais e das escolas não reconhece a importância desse desenvolvimento lento e gradual. Pressionados pela natureza competitiva de nossa sociedade, acreditamos que o ideal é forçar as crianças a aprender cada vez mais cedo. Elas devem ser alfabetizadas aos seis, entrar na faculdade aos dezessete anos e estar trabalhando, se possível, aos 21. Assim, acreditam muitos, nossos filhos terão mais chances de "vencer na vida". Mas se os evolucionistas estiverem certos, e quanto mais lentamente o cérebro se desenvolver melhor o resultado, a atitude do "quanto mais cedo melhor" está fadada a produzir adultos menos amadurecidos.

Forçar um desenvolvimento mais rápido de nossas crianças é o equivalente a tentar reverter em nossos filhos o processo evolutivo. Durante os últimos milhões de anos, o desenvolvimento cerebral de nossos ancestrais foi ficando cada vez mais lento, e é isso que tornou nosso cérebro tão sofisticado. Não seria uma boa ideia tentar respeitar nossa história evolutiva?

# 8. Felicidade traz dinheiro?

Ninguém gosta de admitir, mas agimos como se o dinheiro comprasse a felicidade. Aí esta semana o prêmio Nobel de economia foi dado a Angus Deaton. Logo ele, que estudou a relação entre dinheiro e felicidade. Não resisti. Será que a ciência havia demonstrado que o dinheiro compra mesmo a felicidade?

Meus pais me disseram que eu devia fazer o que gostasse. Isso me traria felicidade. Sucesso e dinheiro seriam a consequência de algo feito por uma pessoa feliz. Por essa lógica, é a felicidade que traz o dinheiro. Foi com essa questão na cabeça que deitei com o artigo de Kahneman e Deaton (ambos ganhadores do prêmio Nobel).

Eles começam com a pergunta óbvia: o que é felicidade? E logo propõem que existem duas felicidades, a de longo e a de curto prazo. A de curto prazo seria nossa percepção do dia anterior. Ontem eu sorri? Me senti alegre? Estive com pessoas de quem eu gosto? Matei minha fome alimentícia e sexual? A segunda felicidade é a de longo prazo. Olhando a minha vida, tudo o que vivi desde as minhas primeiras memórias, ela foi uma vida feliz? Poderia ter sido melhor? Na felicidade de curto prazo, o ontem é o que importa; na de longo prazo, é todo o passado que importa.

Definir as felicidades é fácil, mas como medir? Já que não é possível tirar uma gota de sangue e medir a quantidade de cada tipo de felicidade, a solução é perguntar às pessoas. Essa escolha já assume que a felicidade é algo subjetivo, o que me deixou feliz. Estava com medo de me deparar com algum *proxy* físico para esse estado mental — do tipo: vamos usar o número de calorias ingeridas ou o número de eletrodomésticos como um *proxy* para a felicidade.

Kahneman e Deaton usaram os dados coletados pela Gallup entre 2008 e 2009. Foram entrevistadas 450 mil pessoas nos Estados Unidos. Nessa pesquisa, as pessoas eram perguntadas sobre os sentimentos que tinham vivido no dia anterior, selecionando de uma lista. Além disso, sobre sua avaliação da vida como um todo. Nesse caso, o entrevistador pedia à pessoa que imaginasse sua vida como uma escada de dez degraus: o primeiro representando a pior vida que ela pudesse ter vivido e o décimo, a melhor. A pessoa escolhia o degrau. Fora isso, informava a renda familiar e diversos outros dados de saúde, nível educacional etc.

A análise é impressionante. Na felicidade de curto prazo, saúde, interações familiares, solidão e fumo têm alta correlação com o nível de felicidade. Fumantes solitários que se sentem descuidados e têm problemas de saúde são os típicos infelizes de curto prazo. Dinheiro é menos importante. Já dinheiro e educação são marcadores dos felizes de longo prazo. Essa descoberta mostra como o problema é complicado. Uma pessoa pode ser feliz todos os dias da vida, pois tem saúde, é acolhida, não fuma e não é solitária; mas, quando perguntada sobre sua felicidade de longo prazo, pode se considerar infeliz, pois não tem educação nem dinheiro. Falta de educação e dinheiro também aumentam a infelicidade associada à saúde precária e solidão. Ou seja, é possível ser feliz todos os dias e mesmo assim achar que a vida como um todo é uma merda. São as complexidades da mente humana.

A conclusão do estudo é que renda familiar alta compra satisfação com a vida a longo prazo, mas não compra a felicidade do dia a dia. Já a baixa renda é associada a uma baixa felicidade no dia a dia e a uma avaliação pior da vida no longo prazo.

Depois de ter digerido esse estudo, voltei à minha dúvida: será que o dinheiro é que traz a felicidade ou é a felicidade que traz o dinheiro? Como é de esperar, Kahneman e Deaton não entram na seara da causalidade, simplesmente apontam as correlações. Correlação e causalidade são conceitos distintos. Veja esse exemplo: o número de cegonhas que sobrevoa a Holanda durante o ano é perfeitamente correlacionado com o número de nascimentos de crianças: ambos aumentam na primavera, têm um pico no verão e caem no inverno. Mas nem por isso podemos concluir que o nascimento das crianças é causado pela passagem das cegonhas (ou vice-versa). Do mesmo modo, o fato de haver uma correlação complexa entre felicidade e dinheiro não demonstra que dinheiro traz felicidade ou que felicidade traz dinheiro.

Assim, sem uma resposta, decidi continuar a educar meu filho como fui educado. Procure a felicidade que o dinheiro vem como consequência.

*Mais informações em: "High income improves evaluation of life but not emotional well-being".* Proceedings of the National Academy of Sciences of the USA, v. 107, n. 38, p. 16 489, 2010.

# 9. Paleontologia da solidariedade

A solidariedade é uma das características que definem nossa espécie. É comum observar pessoas que sacrificam seu bem-estar e conforto para cuidar de pessoas incapazes. Abandonar inválidos à sua própria sorte causa repulsa e reprovação social. Mas quando surgiu essa característica tão humana? Paleontologistas vêm tentando desvendar esse mistério analisando esqueletos de nossos ancestrais.

É muito frequente encontrar esqueletos que demonstram que nossos ancestrais e seus parentes sobreviviam mesmo quando sofriam acidentes ou nasciam parcialmente incapacitados. O esqueleto de um neandertal denominado Shanidar 1 é um bom exemplo. Shanidar 1 sobreviveu muitos anos após ter perdido seu braço direito e ter sofrido um trauma craniano. É muito provável que ele tenha recebido ajuda de seus companheiros nos momentos seguintes ao acidente (ou luta) e que mais tarde o grupo tenha se acomodado para incorporar essa pessoa. Mas é difícil saber que tipo de ajuda — e por quanto tempo — esse indivíduo recebeu antes de morrer. Um caso semelhante é o esqueleto de um anão da época paleolítica chamado Romito 2, descoberto na Itália. Dadas sua pequena estatura e deformações nos membros superiores e inferiores, é quase certeza que ele tinha enormes dificuldades de locomoção. Os paleontólogos acreditam que, para sobreviver em uma comunidade de coletores e caçadores que se movimentam muitos quilômetros por dia, durante a época mesolítica nas montanhas da Calábria, Romito 2 deve ter recebido ajuda de seus companheiros. Mas de novo é difícil determinar quanta ajuda ele recebeu.

Talvez o esqueleto que demonstra melhor a solidariedade de nossos ancestrais tenha sido descrito em 2009. Um cemitério neolítico de mais de 3500 anos atrás, chamado de Man Bac, localizado no Vietnã do Norte, próximo à vila de Bach Lien, foi escavado entre 1999 e 2007. Lá, entre muitos esqueletos, foi encontrado MB07H1M09 — chamado carinhosamente de M9. Encontraram-no curvado sobre si mesmo, e logo chamou atenção a atrofia das pernas e braços, cujos ossos eram finos e fracos. O exame do crânio mostrou que M9 era provavelmente do sexo masculino e tinha aproximadamente trinta anos ao morrer. Sua dentição era normal e bem preservada, sem sinais de cáries ou dentes arrancados. Apesar de um dos lados da articulação que liga a maxila ao crânio estar mais desgastada que a outra, indicando que ele mastigava de lado, os dentes estavam igualmente desgastados dos dois lados, indicando que ele usava toda a boca para mastigar.

Ao examinar as vértebras de M9, os cientistas puderam deduzir a causa de sua paralisia. As vértebras estavam soldadas umas nas outras, e o canal em que passam os feixes nervosos da coluna vertebral estava comprimido e tinha um diâmetro muito menor que o normal. M9 não apenas possuía os membros atrofiados, mas também possuía alterações nas vértebras do pescoço, o que indica que ele provavelmente vivia deitado e mantinha a cabeça curvada para um lado permanentemente, incapaz de sentar ou ficar de pé.

Analisando as características do esqueleto de M9, foi possível diagnosticar que ele provavelmente sofria de uma síndrome chamada Klippel-Feil tipo III, cuja frequência nas populações modernas é de um nascido em cada 40 mil. A fusão das vértebras e o estreitamento do canal por onde passa a medula fazem com que os pacientes desenvolvam uma paralisia total dos membros inferiores e, muitas vezes, paralisia dos membros superiores ao longo da infância.

Como M9 morreu aos trinta anos, seguramente ele foi cuidado por mais de vinte anos pelos membros de seu grupo social. O fato de seus dentes estarem bem preservados e não existirem sinais de desgaste desigual demonstra que ele era bem alimentado. Além disso, provavelmente ele vivia deitado o tempo todo com a cabeça encurvada e, para que tenha sobrevivido tantos anos, seus companheiros deviam cuidar de sua higiene e é provável que o virassem regularmente para evitar a formação de feridas no corpo. Essa síndrome não costuma afetar a capacidade mental dos pacientes, e é possível que M9 fosse capaz de interagir com seus companheiros.

Com base em outros dados obtidos em Man Bac, sabe-se que essa comunidade vivia nos estágios iniciais do desenvolvimento da agricultura, mas ainda dependia em grande parte da coleta de plantas e da caça esporádica. Ela já tinha os primeiros artefatos de cerâmica, jade e conchas, mas estava longe de habitar uma cidade bem estabelecida.

Foi nesse ambiente cultural, há 3500 anos, que M9, paralisado e permanentemente deitado, foi cuidado com amor e carinho por mais de vinte anos. Essa descoberta demonstra que a solidariedade surgiu entre os homens muito antes do aparecimento das grandes civilizações e das principais religiões.

\* \* \*

*Mais informações em:* "*Survival against the odds: Modeling the social implications of care provisions to seriously disabled individuals*". International Journal of Paleopathology, v. 1, n. 1, p. 35, 2011.

# 10. Aversão à desigualdade

Existe um jogo simples que mede a aversão das pessoas à desigualdade. É uma maneira indireta de medir um dos aspectos do senso de justiça. Cientistas usaram esse jogo para analisar o surgimento dessa aversão ao longo do desenvolvimento de crianças em sete sociedades distintas ao redor do mundo. O jogo funciona assim. Duas crianças sentam em lados opostos de uma mesa. Na frente de cada uma delas, há um prato vazio. Na frente de cada prato, os cientistas colocam um vasilhame com doces, um para cada criança. O número de doces nos vasilhames é determinado pelos cientistas e pode ser observado por elas. Além disso, somente uma das duas tem acesso a um par de alavancas, uma vermelha e uma verde. Essa criança tem que escolher e acionar uma das alavancas. Se ela puxar a verde, ambos os vasilhames se inclinam em direção às crianças e despejam os doces nos seus respectivos pratos. Isso significa que ela aceitou a partilha dos doces proposta pelo cientista, e cada criança recebe os doces que estavam em seu vasilhame. Se ela puxar a vermelha, os recipientes se inclinam em direção ao centro da mesa e despejam todos os doces em um buraco. Ela rejeitou a partilha. Todos os doces desaparecem e nenhuma das duas crianças recebe doces.

No cenário mais simples, os dois vasilhames contêm a mesma quantidade de doces. Nesse caso é bem conhecido que as crianças quase sempre escolhem a alavanca verde, e os dois recebem a mesma quantidade de doces. Na verdade a taxa de rejeição da proposta de divisão (puxar a alavanca vermelha) não é zero, mas varia por volta de 12,5% para crianças de quatro anos, diminuindo para zero, à medida que a criança fica mais velha.

O segundo cenário é quando a quantidade de doces no vasilhame da criança com o poder de acionar a alavanca é menor que a quantidade de doces alocada à outra criança. Nesse caso, o dilema da criança de posse da alavanca é o seguinte: "Se eu acionar a alavanca verde, ganho menos doces, o que é injusto. Mas se eu acionar a alavanca vermelha, ficamos ambos sem doce. Se minha aversão à injustiça é alta, prefiro ficar sem doce a aceitar a injustiça de receber menos. Demonstro ao meu companheiro que não aceito essa injustiça". Esse tipo de aversão é chamado de "aversão à desigualdade quando em desvantagem" (ADD), pois quem toma a decisão está em desvantagem (com menos doces no vasilhame).

O terceiro cenário é o mais complexo: a "aversão à desigualdade quando em vantagem" (ADV). Nesse caso, a criança com o poder de acionar a alavanca tem mais doces no seu vasilhame que a criança sem a alavanca. O dilema de quem aciona a alavanca é o seguinte: "A situação é injusta, pois vou receber mais doces que a outra criança. Se eu acionar a verde, saio ganhando, pois recebo mais doces. Já se eu acionar a vermelha ninguém ganha nada, mas demonstro que realmente tenho aversão à desigualdade. Rejeito a desigualdade mesmo quando ela é a meu favor".

Esses três cenários foram testados com 866 pares de crianças recrutadas em sete sociedades distintas: uma cidade pequena no Canadá, uma vila na Índia, uma vila de menos de mil habitantes no México, outra no Peru, em Dakar no Senegal, uma vila em Uganda e, finalmente, em Boston nos Estados Unidos. Em todas as sete sociedades, as crianças foram divididas em grupos etários, de quatro a quinze anos.

No cenário em que a criança que aciona a alavanca está em desvantagem (ADD), a taxa de rejeição (puxar a alavanca vermelha) aumenta à medida que as crianças ficam mais velhas. Isso vale para todas as sociedades, começando com 25% de rejeição aos quatro anos e atingindo 80% aos quinze anos. Ou seja, independentemente de como e onde as crianças foram educadas, elas adquirem ao longo da infância uma tendência a rejeitar a desigualdade quando se sentem diretamente prejudicadas. Isso significa que essa tendência ou é inata ou faz parte da educação das crianças nas sete sociedades estudadas.

O mais interessante é o que acontece no terceiro caso, quando a criança tem que decidir estando em vantagem (ADV). Nesse caso, a taxa de rejeição da desigualdade só cresce ao longo do desenvolvimento das crianças em três sociedades: Canadá, Uganda e Estados Unidos. Na Índia, ela permanece baixa durante todo o desenvolvimento das crianças; no México, permanece muito baixa (próximo a zero) até os doze anos e depois cresce um pouco; já no Peru e no Senegal, ela começa alta (as crianças rejeitam a desigualdade) e diminui ao longo do crescimento das crianças. Esses resultados mostram que o que acontece no Canadá, Uganda e Estados Unidos (aumento da rejeição à desigualdade ao longo do crescimento) é exatamente o oposto do que ocorre no Peru e no Senegal (diminuição da rejeição à desigualdade ao longo do crescimento).

A conclusão é que, quando em desvantagem (ADD), todas as crianças aprendem a rejeitar a desigualdade; mas, quando em situação de vantagem (ADV), o resultado varia de uma sociedade para outra. Em suma, o comportamento ADD parece ser cultura independente (pelo menos nessas sete culturas) e o comportamento ADV parece ser cultura dependente.

Esse resultado vai provocar muita discussão. Primeiro é preciso descobrir o que na educação faz com que crianças de diferentes sociedades se comportem de maneira diferente. Depois é preciso saber qual o efeito dessa diferença de comportamento na organização social e política dessas sociedades. Agora, me diga: qual resultado você esperaria se esse experimento fosse realizado com crianças brasileiras?

*Mais informações em: "The ontogeny of fairness in seven societies"*. Nature, v. 528, p. 258, 2015.

# 11. A generosidade é espontânea, o egoísmo não

Imagine que você está andando por uma trilha e se depara com uma cobra. Em uma fração de segundo, você pula para trás. Seu cérebro agiu rapidamente, de maneira quase instintiva. Você não chegou a raciocinar se aquilo era mesmo uma cobra ou se ela era venenosa. Esse é um exemplo da forma rápida de pensar. Essa forma de pensar é extremamente útil, pois permite reações rápidas, baseadas em informações limitadas. Ela é importante em muitos momentos, mas pode levar a interpretações errôneas da realidade.

No momento seguinte, ao observar a cobra cautelosamente, seu cérebro conclui que a cobra não está em posição de ataque, que provavelmente ela não é venenosa e é bem pequena. Além disso, seu cérebro observa que ela está saindo da trilha e se dirigindo para o mato. Você conclui que o perigo não é grande. Espera um pouco e então continua sua caminhada. Esse segundo momento é um exemplo da forma lenta de pensar. Como é lenta, ela não salvaria você da picada de uma jararaca prestes a dar o bote; mas, exatamente por ser lenta, permite um julgamento crítico da situação, baseado em experiências anteriores e no conhecimento adquirido (*Rápido e devagar: Duas formas de pensar*, um livro do ganhador do prêmio Nobel, Daniel Kahneman, discute em detalhe essas duas formas de pensamento).

Imagine agora que você está caminhando pela calçada e se depara com uma pessoa desmaiada. Você pode parar para ajudar, uma atitude que poderíamos chamar de generosa (se você for generoso, talvez alguém o ajude em caso de necessidade), ou pode decidir que esse não é um problema seu e continuar sua caminhada, uma atitude que podemos chamar de egoísta (se todos forem egoístas, ninguém vai ajudar você em caso de necessidade). Será que nossa forma rápida de pensamento é intrinsecamente generosa e nossa forma lenta de pensamento leva a uma reação egoísta? Ou ocorre o inverso: nossa forma rápida de pensamento tende a produzir uma resposta egoísta e nossa forma lenta de pensar tende a produzir uma resposta generosa?

Para responder a essa questão, um grupo de cientistas fez diversos experimentos com um número grande de pessoas. Um deles consiste em propor para grupos de quatro pessoas o seguinte jogo: cada um recebe dez reais e o cientista informa às pessoas que elas podem separar uma parte desse dinheiro e colocar em um "bolo" comum. A quantidade de dinheiro que cada pessoa coloca no bolo é decidida individualmente, e os outros não são informados da decisão feita pelos demais jogadores. O cientista informa também que o dinheiro colocado no bolo será duplicado (se houver quatro reais no bolo, o cientista colocará mais quatro reais e passará a conter oito reais), e o novo total do bolo será dividido igualmente entre os participantes. É fácil entender que, nesse jogo, se todos os quatro jogadores forem generosos e colocarem seus dez reais no bolo, oitenta reais serão divididos, e cada jogador acabará o jogo com vinte reais. Mas se somente um jogador for generoso e colocar seus dez reais no bolo, apenas vinte reais serão divididos por quatro, e os três jogadores egoístas terminarão com quinze reais, enquanto o jogador generoso acabará com somente cinco reais. Durante cada rodada do jogo, cabe ao jogador decidir se quer tomar uma atitude generosa ou uma atitude egoísta.

Num primeiro experimento, 848 pessoas foram divididas em grupos de quatro e participaram uma rodada desse jogo. Elas podiam levar o tempo que quisessem para decidir quanto contribuiriam para o bolo, mas os cientistas marcaram o tempo que cada um levava para decidir. O resultado desse experimento demonstrou que as pessoas que decidiam em menos de dez segundos contribuíam com 65% do dinheiro recebido. As pessoas que levavam mais de dez segundos para decidir tinham um comportamento mais egoísta, contribuindo em média com 50% para o bolo. O mais interessante foi que os que decidiam instantaneamente (um segundo) contribuíam com até 85%, mas os que levavam até cem segundos contribuíam com apenas 35% para o bolo.

Em um outro experimento, com quase mil pessoas, os voluntários foram instruídos a decidir com quanto contribuiriam em menos de dez segundos. Nesse caso, a média de contribuição foi de 65%. Se por outro lado eles fossem forçados a pensar mais de dez segundos antes de decidir, a contribuição média caía para 35%. Diversos outros experimentos onde o tempo de reação era relacionado com atitudes egoístas ou generosas chegaram ao mesmo resultado. Isso demonstra que, quando temos que decidir rápido, optamos pela via da generosidade; mas, quando pensamos lentamente sobre o problema, nos comportamos de maneira egoísta.

Os cientistas acreditam que esse resultado demonstra que somos instintivamente generosos, ou seja, que nosso modo rápido de pensar leva à generosidade da mesma maneira que nos leva a fugir de qualquer coisa que se pareça com uma cobra. Provavelmente isso é um resquício do tempo em que vivíamos em pequenos grupos, em que a colaboração era essencial para a sobrevivência de todos. Já o pensamento lento, mais racional e mais influenciado pelas experiências anteriores e pela educação, resulta em um componente maior de egoísmo, talvez um reflexo da vida em sociedades complexas, onde nossa decisão de não ajudar uma pessoa desmaiada não nos exclui automaticamente da possibilidade de sermos ajudados em um momento de necessidade.

A conclusão é que somos programados para, no caso de termos que agir rapidamente, optarmos por uma atitude generosa. Se isso é verdade, nossa sociedade se tornará muito melhor se não pensarmos muito antes de ajudar o próximo.

*Mais informações em: "Spontaneous giving and calculated greed".* Nature, v. 489, p. 427, 2012.

## 12. Nossa honestidade intrínseca

Trapaça entre animais é regra, não exceção. Pássaros induzem outra espécie a chocar seus ovos, macacos escondem comida dos companheiros. Com o homem não é diferente.

Nas sociedades humanas métodos de controle e punição tentam manter os indivíduos "na linha". A eficácia desses métodos esconde nossa verdadeira vontade de trapacear. Nos últimos anos, cientistas têm tentado medir o que chamam de honestidade intrínseca, aquela observada em condições nas quais o indivíduo tem certeza absoluta de que não será descoberto. Essa medida permite isolar o efeito da vigilância e da repressão sobre o comportamento das pessoas. É fácil imaginar que dois indivíduos com o mesmo grau de desonestidade intrínseca se comportem de maneira muito diferente em sociedades com diferentes mecanismos de detecção e repressão.

A novidade é que os cientistas conseguiram demonstrar que a honestidade intrínseca tem um componente que é característico da espécie humana, mas modulado pela cultura. Essa descoberta foi feita medindo a honestidade intrínseca de 2568 jovens em 23 países. Os países foram escolhidos usando uma combinação de três indicadores: um índice de corrupção, um índice de respeito aos direitos políticos e um índice de evasão de impostos. A combinação foi denominada PVR (prevalência de violação de regras). Quanto maior a PVR, mais o país desrespeita as próprias regras.

O experimento é simples. O jovem é colocado num cubículo onde ele tem certeza de que não pode ser observado. Ele recebe um dado e é instruído a jogá-lo duas vezes. Além disso, é instruído a reportar ao investigador somente o resultado obtido na segunda vez que joga o dado. Ele também é informado de que o pagamento depende do número que ele reportar ao investigador. Se ele reportar um, ganha um dinheiro; se reportar dois, dois dinheiros; e assim por diante até cinco. Se reportar seis, não ganha nada. Nesse jogo é impossível que os cientistas saibam se o indivíduo está reportando a verdade (o número que saiu no segundo arremesso do dado) ou está mentindo. Mas, analisando o que foi pago ao conjunto de cem jogadores, é possível deduzir o comportamento do grupo. Se todos mentirem para maximizar o ganho, na média vão receber cinco dinheiros cada (o valor máximo). Se todos reportarem o número correto, o valor pago será 2,5 por pessoa em média. A distribuição dos pagamentos entre os jogadores permite determinar a proporção de honestos e desonestos. Se em vez de reportar o valor do segundo arremesso do dado as pessoas trapacearem levemente e reportarem o maior valor de ambos os arremessos, a distribuição dos valores terá uma forma característica e isso também pode ser determinado.

Os resultados obtidos em 23 países — que incluem Alemanha, Marrocos, Itália, Espanha, Colômbia, China e muitos outros — demonstram que em nenhum país a população é totalmente honesta ou totalmente desonesta. Em todos os países, o resultado demonstra que a população se comporta como se as pessoas aumentassem um pouco o resultado, melhorando seus ganhos. As pessoas acabam recebendo em média 3,25 dinheiros — um pouco mais do receberiam se tivessem se comportado de maneira totalmente honesta (2,5 dinheiros), mas menos do que se tentassem maximizar os ganhos através da mentira deslavada (cinco dinheiros). O mais interessante é que nos países com maior índice de violação de regras, a desonestidade é maior (3,53 dinheiros) que nos países com PVR menor (3,17 dinheiros). Além disso, foi possível estimar em cada país a fração de pessoas totalmente honestas. Esse número varia de 90% (Alemanha) a 5% (Tanzânia), sendo que na maioria dos países esse número varia entre 20% e 60%.

Esse estudo demonstra que os seres humanos, quando totalmente livres do risco de serem flagrados violando as regras, tendem a ser desonestos, mesmo nas sociedades mais vigilantes e punidoras. Além disso, em ambientes onde a violação das regras é mais comum, a honestidade intrínseca é menor. Esse dado demonstra que a desonestidade intrínseca, que parece ser inerente ao ser humano, é modulada pelo ambiente. Que a desonestidade em geral depende do ambiente nós sabemos bem, mas que a parte intrínseca desse comportamento também depende do ambiente é uma novidade. É pena que esse estudo não foi feito em sociedades ditas primitivas, compostas por pequenos grupos de coletores e caçadores. Não fica claro por que o Brasil não foi incluído no estudo.

*Mais informações em: "Intrinsic honesty and the prevalence of rule violations across societies". Nature, v. 531, p. 496, 2016.*

# 13. Como o hábito faz o monge

Vestido de monge, você prega o desapego material; vestido de pirata, saqueia navios. Talvez esse exemplo seja radical, mas é fácil observar que expomos diferentes faces de nossa identidade dependendo da atividade em que estamos envolvidos. Em família ensinamos honestidade e humildade, mas nos tornamos mentirosos após uma pescaria, ou cometemos pequenas desonestidades no dia a dia. A coerência absoluta é quase impossível para o ser humano. O interessante é que um novo experimento demonstra quão fácil é induzir a honestidade ou desonestidade em uma pessoa. Bastam algumas perguntas.

O experimento foi feito com empregados de um grande banco de investimento internacional. São pessoas remuneradas pelo lucro gerado, que vivem em um ambiente altamente competitivo, onde o salário fixo anual é menor que o bônus recebido no final do ano.

Foram recrutados 160 voluntários. Eles não sabiam qual o objetivo do experimento quando foram convidados a participar de um jogo. Eram levados individualmente para uma pequena sala, onde um pesquisador fazia a eles algumas perguntas e explicava o jogo. Depois o pesquisador saía da sala, garantindo a privacidade do voluntário, que deveria pegar uma moeda e lançar para o alto. O resultado (cara ou coroa) tinha de ser anotado em uma tabela no computador que estava sobre a mesa. Isso seria repetido dez vezes. O voluntário era informado que para cada coroa anotada na tabela receberia vinte dólares, e para cada cara registrada não receberia nada. Dez coroas anotadas e ele saía da sala com duzentos dólares; nada mal. Como as atividades do voluntário não eram monitoradas, ele poderia se comportar honestamente, anotando o resultado obtido, ou roubar, aumentando um pouco o número de coroas reportadas no computador.

Quando você lança uma moeda um número muito grande de vezes, o número de caras e coroas obtido tende a se igualar; mas quando um número pequeno de repetições é usado (dez, no caso do experimento), a distribuição varia muito, não sendo difícil obter sete ou oito coroas e três ou duas caras. Ou seja, observando o resultado de cada indivíduo, é impossível saber se ele roubou e, mais importante, é impossível identificar o ladrão. Esses voluntários, com mais de dez anos de trabalho no mundo financeiro, sabiam disso.

O que os funcionários não sabiam é que eles haviam sido divididos por sorteio em dois grupos. Na conversa inicial com o primeiro grupo, as perguntas feitas pelos pesquisadores eram propositadamente gerais e se referiam à vida familiar do voluntário. Quantos filhos tinha, quantas horas dormia por noite, se praticava esportes etc. Perguntas que sugeriam um ambiente doméstico. Já o segundo grupo era questionado sobre seu ambiente de trabalho. Em que banco trabalhava, se o banco era competitivo, como era sua remuneração, se ele se considerava igual ou superior aos seus colegas e assim por diante. Perguntas que sugeriam o ambiente de trabalho. Findos esses questionários, os voluntários eram convidados a participar do jogo.

Se é verdade que é impossível saber quem roubou, juntando

todos os dados, mais de oitocentas tentativas em cada grupo (oitenta pessoas jogando a moeda dez vezes cada), é possível saber se o grupo como um todo obteve resultados compatíveis com as leis da estatística ou se foram observados desvios (roubo), o que aparece como um aumento significativo na porcentagem de coroas. O que os cientistas observaram é que os voluntários que foram colocados aleatoriamente no grupo de controle e foram submetidos a um questionário que sugeria uma situação familiar não roubaram, ou seja, os resultados obtidos (51,6% de coroas) não são estatisticamente diferentes do esperado, 50% de coroas. Mas no caso dos voluntários que aleatoriamente haviam sido colocados no grupo em que as perguntas sugeriam um ambiente de trabalho, os resultados obtidos demonstraram que houve trapaça. Eles registraram 58,2% de coroas, o que é estatisticamente diferente de 50% com alto grau de certeza. Também foi possível estimar que em 16% dos lançamentos da moeda o resultado foi reportado de maneira errônea e que por volta de 26% dos voluntários reportaram mais coroas do que realmente obtiveram.

Esses resultados demonstram que os voluntários estudados não são intrinsecamente desonestos, pois se comportam honestamente quando o ambiente em que estão jogando é caseiro. Mas, quando as perguntas sugerem às pessoas que o ambiente em que eles estão operando é o profissional, eles se comportam de outra maneira e tendem a ter um comportamento desonesto. Porém o mais interessante é que bastam algumas perguntas sugestivas para transformar um monge em um pirata, o que é muito mais simples e fácil do que trocar de roupa.

*Mais informações em: "Business culture and dishonesty in the banking industry". Nature, v. 516, p. 86, 2014.*

# 14. O poder da fofoca

A fofoca não tem boa fama, mas a informação transmitida através desse mecanismo de comunicação é considerada importante na formação e manutenção das relações entre seres humanos. Através da fofoca, sabemos o que esperar de futuras interações com outros membros do grupo. Claro que muitas vezes a informação é distorcida, mas a maioria dos estudos demonstra que ela pode ser muito útil. Cientistas que estudam o comportamento de macacos descobriram que esses animais, apesar de não possuírem a capacidade de comunicação verbal dos seres humanos, também praticam a fofoca. Eles obtêm informações sobre os outros membros do grupo observando seu comportamento em atividades como a retirada de parasitas, o compartilhamento da comida e jogos corporais que simulam confrontos. Na realidade, a fofoca altera nosso comportamento frente às pessoas sobre as quais fofocamos. Até agora, acreditava-se que essa modificação era mediada por nosso sistema cognitivo consciente (sei que ele é agressivo, portanto vou agir cuidadosamente). A novidade é que um experimento simples demonstrou que a natureza da informação que recebemos através da fofoca altera o funcionamento de nosso sistema visual independentemente de nossa vontade consciente.

O experimento utiliza uma característica bem conhecida e muito estudada de nosso sistema visual. Quando cada um de nossos olhos é submetido a uma imagem distinta, nossa atenção se divide entre as duas imagens. Primeiro observamos uma das imagens, depois a outra e assim sucessivamente até satisfazermos nossa curiosidade. Isso ocorre porque nossa consciência não é capaz de se concentrar simultaneamente nas duas imagens, e o sistema visual, operando sem controle da consciência, seleciona uma imagem por vez. Você pode facilmente repetir essa observação colocando dois objetos sobre uma mesa separados por um pedaço vertical de papelão. Se você se debruçar sobre esses dois objetos de modo que o papelão garanta que cada olho só consiga observar um deles, vai perceber que sua atenção flutua entre os dois objetos. O efeito é ainda melhor se uma segunda pessoa colocar em cada um de seus campos visuais objetos que você não havia observado com os dois olhos. Usando um sistema de duas teclas ligadas a dois cronômetros, você pode medir o tempo que seu cérebro se concentra em cada um dos objetos. Um aparato como esse foi usado para medir o efeito da fofoca sobre nosso sistema visual.

O experimento foi feito com grupos de aproximadamente trezentas pessoas. Numa primeira fase do experimento, os voluntários observavam uma série de fotos, cada uma com a face de uma pessoa. Simultaneamente à observação da face era apresentada uma fofoca (na forma de uma frase escrita) sobre essa pessoa. A frase poderia ser carregada de conotação social negativa ("atirou uma cadeira em um colega de trabalho"), positiva ("ajudou uma mulher idosa a atravessar a rua") ou neutra ("cruzou com uma pessoa na rua"). Depois de observarem os pares fotos/frases, essas pessoas eram colocadas em um aparelho capaz de projetar em cada olho uma imagem distinta. Enquanto um dos olhos era submetido à foto de uma das diversas faces, o outro era submetido à foto de uma casa. O tempo que o cérebro dedicava a cada uma das imagens foi medido. O que se observou é que o sistema visual divide o tempo que a imagem de cada olho ocupa na consciência. Mas se a face visualizada por um dos olhos havia sido associada a uma fofoca negativa, o tempo gasto pelo cérebro examinando essa imagem era muito maior que o tempo gasto caso a face tivesse sido associada a uma fofoca neutra ou positiva. Mas será que bastava o fato ser negativo ou teria que ser socialmente negativo? Para testar essa possibilidade, outros voluntários submeteram-se ao mesmo experimento, mas as frases foram trocadas de modo a prover informações negativas ("extraiu um dente"), positivas ("sentiu o calor do sol na face") ou neutra ("fechou a cortina"), mas sem conotação social. Nesse caso, a informação não influenciava o tempo que o sistema visual apresenta a face para a consciência: faces associadas a informações negativas ou positivas recebem a mesma atenção.

Esse resultado demonstra que nosso sistema visual, independentemente de nossa vontade, força nossa consciência a prestar mais atenção a faces associadas anteriormente a fofocas de cunho social negativo. Provavelmente estamos pré-programados para prestar atenção em pessoas que foram alvo de fofocas socialmente negativas. Não é sem razão que muitos políticos seguem à risca o mote "falem mal, mas falem de mim" — uma maneira segura de garantir que, mesmo inconscientemente, daremos mais atenção a suas faces numa urna eletrônica.

*Mais informações em: "The visual impact of gossip". Science, v. 332, p. 1446, 2011.*

# 15. Para que servem as lágrimas femininas

Choro e lágrimas chegam juntos, sinalizam emoções fortes, geralmente tristeza. Animais sociais usam muitos métodos para informar seu estado mental a outros membros do grupo. Expressões faciais (um sorriso), ruídos (gritos e uivos), cheiros (como o de um gambá irritado), ou mesmo hormônios (como os secretados pelos insetos) são alguns exemplos. O surgimento da linguagem falada tornou menos importante esses meios de comunicação, mas nem por isso deixamos de sorrir, gritar e gesticular. As crianças, muito antes de aprenderem a falar, já possuem uma enorme e eficiente capacidade de se comunicar.

Foi Darwin quem sugeriu que esses métodos de comunicação surgiram antes da linguagem falada. Quando observamos a mímica de um macaco, quase acreditamos saber o que se passa na sua mente. Darwin também sugeriu que antes de os animais desenvolverem cérebros sofisticados, capazes de interpretar sinais visuais e auditivos complexos, a comunicação entre animais sociais já deveria ocorrer através de substâncias químicas capazes de modificar o comportamento do animal que recebe o sinal. Feromônios capazes de modificar o comportamento sexual dos parceiros são comuns entre insetos, e é o cheiro da fêmea no cio que atrai os cachorros machos.

Mas e as lágrimas, para que serviriam? Para sinalizar tristeza não bastaria uma mudança de expressão? A maioria dos mamíferos não produz lágrimas, e sabemos que as lágrimas produzidas para lubrificar o globo ocular têm uma composição diferente das que escorrem pela face quando a emoção é forte. Agora um grupo de cientistas resolveu investigar se as lágrimas não conteriam algum composto químico capaz de modificar o comportamento humano. Se você está com preguiça de ler o resto, a resposta é sim.

Um grupo de mulheres voluntárias concordou em assistir a filmes tristes. As lágrimas que rolaram pelas faces foram coletadas. Se o filme for bem escolhido, cada mulher é capaz de produzir um mililitro de lágrimas. O primeiro experimento tinha o objetivo de determinar se nosso olfato era capaz de distinguir o cheiro das lágrimas do cheiro de uma solução contendo somente sais minerais (salina). Vinte e quatro homens concordaram que fosse fixado no seu lábio superior, logo abaixo das narinas, um pequeno pedaço de papel que podia ser molhado com lágrimas de mulheres tristes ou com salina. Desse modo, eles poderiam absorver por via nasal qualquer molécula volátil que existisse nas lágrimas. Foi descoberto que somos incapazes de identificar se o que foi posto no papel é uma gota de lágrima ou uma gota de salina. Desse modo, os voluntários não sabiam o que estavam recebendo quando foram submetidos a outros experimentos.

No experimento seguinte, os dois grupos de voluntários (um cheirando salina; o outro, lágrimas) foram colocados em frente de fotos de faces de mulheres e foi pedido a eles que avaliassem o sex appeal de cada face. Constatou-se que os homens que estavam cheirando lágrimas davam notas mais baixas para as faces — ou seja, achavam as mulheres menos atraentes.

No teste seguinte, a capacidade dos homens de ficarem sexualmente excitados ao observar fotos foi medida diretamente através da passagem de uma corrente elétrica pela pele. Já se sabe que as propriedades elétricas da pele se alteram quando ficamos excitados, e o que se observou é que os homens que estavam sob efeito das lágrimas ficavam menos excitados que o grupo de controle. Novamente as lágrimas pareciam inibir o instinto sexual.

Em dois outros experimentos, foi possível demonstrar que a simples presença das lágrimas sob a narina diminui a produção de testosterona na saliva e diminui a ativação das áreas cerebrais relacionadas à excitação sexual. Como esses efeitos foram obtidos sem que os homens observassem visualmente o ato da mulher chorando e sem que eles soubessem o que estava sob suas narinas, esses resultados demonstram que nas lágrimas femininas existe algum componente volátil capaz de inibir o instinto sexual dos machos da nossa espécie.

Agora os cientistas planejam repetir o estudo usando lágrimas masculinas, testar o efeito das lágrimas sobre o mesmo sexo e caracterizar essa substância. Como ela só atua a uma distância muito curta, os cientistas acreditam que o efeito das lágrimas só é obtido quando abraçamos uma mulher que esteja chorando, aproximando nossas narinas da face por onde escorrem as lágrimas. A existência desse sinal químico, que inibe o instinto sexual, provavelmente facilita a tarefa dos homens de consolar suas mulheres. Sem esse inibidor, o ato de consolar pode levar à excitação sexual, o que geralmente irrita uma mulher triste. É importante lembrar que a existência dessa molécula não significa que esse mecanismo tenha um papel importante no nosso comportamento: ele pode ser simplesmente um vestígio de um mecanismo que foi importante para nossos antepassados distantes. De qualquer forma, vai ser interessante observar como a indústria de perfumes utilizará esse composto — afinal, ele parece ser um potente antiafrodisíaco.

*Mais informações em: "Human tears contain a chemosignal".* Science, *v. 331, p. 226, 2011.*

# 16. O comprimento dos dedos e do pênis

A curiosidade venceu, e ontem à noite baixei o artigo científico original do site do *Asian Journal of Andrology*. Nesse artigo, cientistas coreanos tentam demonstrar que a razão entre o comprimento do segundo e do quarto dedo da mão de um homem é uma medida indireta do comprimento de seu pênis.

Os autores convenceram 140 homens coreanos a permitir que os médicos medissem o comprimento de seus dedos e de seu pênis enquanto estavam anestesiados para se submeterem a uma cirurgia. Minha primeira curiosidade foi ler a seção em que os cientistas descreviam como haviam sido feitas as medidas. Medir dedos é fácil, existe um osso no seu interior e os dedos não são compostos de tecido elástico. Mas como medir o comprimento de um pênis flácido? Os cientistas descrevem como usaram uma régua para medir partindo do osso pubiano (a parte da frente da bacia) até a ponta do pênis. Honestamente, eles descrevem a dificuldade encontrada: a estrutura flácida se curvava, dificultando a tarefa. A solução foi esticar (*stretch*) o pênis e então medir. Curioso, fui tentar investigar o quanto eles esticaram e como padronizaram a esticada. Nada é informado no trabalho a não ser que o pênis, antes da medida, estava totalmente esticado (*fully stretched*). Mas o que significa isso? O tecido do pênis é extremamente elástico e no seu interior se encontra o corpo cavernoso, um tecido esponjoso onde se acumula o sangue durante a ereção, capaz de aumentar de comprimento facilmente. O problema é o mesmo que você encontraria se eu pedisse para medir o comprimento de um elástico esticado. Você me diria: mas quanto devo esticar o elástico? Até quase ele se romper? Logo imaginei que os erros nas medidas eram grandes.

Satisfeita a curiosidade sobre os métodos, fui verificar que resultados justificavam tão inusitada conclusão. Os resultados estão na figura da página seguinte. É um gráfico em que, no eixo horizontal, está a razão da medida entre o segundo e o quarto dedo (*digit ratio*). Como os dedos são quase do mesmo tamanho, essa razão varia de 0,85 a 1,15. No eixo vertical, está a medida do pênis esticado (*Stretched penile length*) em centímetros. No gráfico você vai ver 140 pontos, um para cada homem analisado. O maior pênis esticado tinha dezessete centímetros e os dedos desse homem tinham um *digit ratio* de 0,90. O que chama a atenção no gráfico é que os pontos parecem estar distribuídos aleatoriamente por todo o gráfico, e não em uma reta como seria esperado se a correlação entre as medidas fosse perfeita. Esse tipo de correlação nunca é perfeito, mas, se você fizer um gráfico entre a altura de uma pessoa e sua idade, vai observar que os pontos, apesar de dispersos, agrupam-se em volta de uma linha média. No caso desse gráfico, os autores utilizaram um software para tentar determinar qual a linha que melhor representa os pontos. A linha selecionada pelo software pode ser observada no gráfico. Ela é quase horizontal, mas, como cai da esquerda para a direita, indica que, à medida que o *digit ratio* aumenta, o tamanho do pênis diminui. Basta olhar a linha e os pontos para concluir que a correlação é fraca e que poderia ser facilmente alterada, dependendo do grau de sadismo do investigador que esticou os pênis e de seu humor no dia de cada cirurgia.

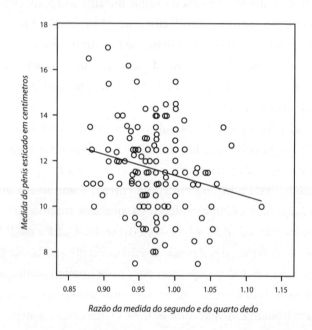

Minha conclusão é que, na melhor das hipóteses, esse estudo sugere que talvez possa existir alguma correlação remota entre essas duas variáveis. Para minha surpresa, a revista publicou, junto com o trabalho, um editorial em que os dados são questionados e é recomendada cautela quanto à interpretação do resultado.

A beleza da ciência é que cada um de nós pode verificar — ou mesmo repetir — cada trabalho publicado. Podemos examinar os dados originais e decidir se acreditamos ou não nas conclusões.

Do meu ponto de vista, os rapazes apaixonados, em jantares à luz de velas, podem continuar a pôr sua mão sobre a mão da futura namorada sem medo de serem acusados de propaganda enganosa.

Mais informações em: "Second to Fourth Digit Ratio: A Predictor of Adult Penile Length". Asian Journal of Andrology, doi: 10.1038/aja.2011.75, v. 13, p. 710, 2011.
Fonte do gráfico: CHOI, In Ho et al. "Second to Fourth Digit Ratio: A Predictor of Adult Penile Length". Asian Journal of Andrology, v. 13, n. 5, pp. 710-4, 2011.

# 17. A sabedoria dos extraterrestres

Achar a entrada da toca é difícil. Coelhos despistam o inimigo antes de entrar, faz parte da estratégia de sobrevivência. Nós não somos tão inteligentes. Veja só esta história.

Dezesseis de novembro de 1974, Porto Rico. Um grupo de cientistas observa o gigantesco radiotelescópio de Arecibo. É o que aparece em *007 contra Golden Eye*, o primeiro filme estrelando Pierce Brosnan. Reformado, o telescópio estava sendo inaugurado.

Para comemorar, os cientistas resolveram usar a antena para enviar uma mensagem ao espaço. Usando mil quilowatts de potência, enviaram 210 bytes de informações cuidadosamente selecionadas. Os números de um a dez, a estrutura do DNA, um mapa do sistema solar indicando a Terra e o desenho de um ser humano. Foram 168 segundos de júbilo enquanto a mensagem era despachada. Estamos aqui. Na Terra existe vida inteligente, orgulhosa e destemida.

Tudo era festa até o astrônomo real da Inglaterra, Martin Ryle, aparecer na televisão e botar a boca no trombone. Com que direito, bufou ele, um grupo de cientistas revela ao universo a toca onde se escondem os seres humanos? Se existe vida em outros planetas, quem garante que é bondosa? Ela pode estar faminta, decidida a nos destruir. O risco de expor a localização da Terra não pode estar na mão de um bando de cientistas que acreditam em extraterrestres pacíficos e cooperativos. Essa é uma decisão que nos põe em risco e deveria ser compartilhada.

A imprensa não levou muito a sério as queixas de Ryle; afinal, a mensagem foi enviada para uma galáxia chamada M13, distante 25 mil anos-luz da Terra. Vamos esperar mais 24 960 anos para a mensagem chegar lá e 25 mil anos para alguma resposta voltar. Nenhum de nós vai estar vivo.

Martin Ryle não era bobo, havia descoberto o radiotelescópio, combatido ferozmente a proliferação das armas nucleares e recebido o prêmio Nobel. Morreu em 1984, quando Roger Moore era James Bond em *007 contra Octopussy*. A questão de Martin era moral. Quem tem o direito de colocar a humanidade em risco?

Quatro décadas depois, o risco de a humanidade desaparecer nunca foi tão alto. Não que algum ser extraterrestre tenha recebido a mensagem, viajado pelo hiperespaço e esteja vagando sobre nossas cidades. Somos nós os destruidores. Reproduzindo como coelhos, nos espalhamos pelo planeta, queimamos o que podemos, floresta ou petróleo, alteramos atmosfera e mares, dizimamos a flora e a fauna. Tudo para garantir nossa expansão.

Nas últimas décadas, começamos a sonhar em mudar para outro planeta. Filmes sobre colônias em Marte, investimentos em naves espaciais e mineração de asteroides estão aí para demonstrar nossa intenção. Apesar de toda cultura e ciência, não conseguimos controlar nosso instinto destrutivo. Temos DNA de predador. Somos perigosos.

Agora, me diga: se você pertencesse a outra civilização, localizada em algum lugar do universo, e estivesse inaugurando um radiotelescópio, teria coragem de enviar uma mensagem contando para os terráqueos as riquezas de seu planeta? Teria coragem de revelar a localização de sua toca, em algum planeta lindo e preservado? Duvido. Portanto, se existe vida realmente inteligente no universo, é muito provável que estejam nos observando de longe, calados.

Na pele deles eu ficaria quietinho, imaginando que, se os terráqueos descobrirem meu planeta e decidirem vir até aqui, vão aprontar uma bagunça igual à que fizeram na Terra. Enviar a eles nossa localização? Jamais!

É por isso que não encontramos outros seres vivos no universo: eles não querem ser encontrados, sabem o valor de sua toca e não querem nada com o predador implacável que habita este planeta.

# VI. MENTE

# 1. Na mente do outro

A criança coloca a aranha de plástico no ombro da tia. A tia berra. A criança se diverte. O que aconteceu? Além de saber que a aranha é falsa, o cérebro da criança é capaz de criar uma teoria sobre o que se passa no cérebro da tia. O cérebro da criança postula que a tia não sabe que a aranha é de plástico e vai levar um susto. Se não fosse capaz de criar uma teoria sobre o que se passa em um cérebro que não o seu, a criança não seria capaz de imaginar e executar a brincadeira. Essa capacidade, chamada de teoria da mente (*Theory of Mind* — ToM), existe no cérebro de cada um de nós. Grande parte de nossos pensamentos, falas e atos envolve nossa capacidade de imaginar o que se passa na mente dos outros.

A ToM nunca havia sido detectada em animais e era considerada uma das características que separa seres humanos de animais. Agora isso mudou. Chimpanzés, bonobos e orangotangos também constroem teorias da mente.

Não é fácil distinguir um comportamento aprendido da verdadeira ToM. Como demonstrar que um cachorro que traz o chinelo possui a ToM? Será que ele realmente teoriza sobre o desejo que existe na mente do dono ou simplesmente foi condicionado para, ao ver o dono, trazer o chinelo? Parte de nosso amor pelos animais advém do fato que imaginamos que eles, como nós, possuem a ToM. O fato é que nunca foi possível demonstrar que cachorros têm essa capacidade. O que sabemos é que eles aprendem truques e os repetem em troca de afagos.

Crianças não nascem com essa capacidade, e isso foi demonstrado em um experimento simples e elegante. As crianças eram colocadas em frente a um pequeno palco. Paulo (um ator) entra em cena e esconde um brinquedo embaixo de um dos baldes que estão no palco. No azul, por exemplo. Aí entra no palco outro ator vestido de King-Kong e, aos berros, afugenta Paulo. Após a saída de Paulo, King-Kong muda o brinquedo de um balde para o outro. Agora ele está debaixo do balde vermelho. Feito isso, King-Kong vai embora. Paulo volta receoso ao palco. Nesse ponto, o cientista interrompe o teatrinho e pergunta para a criança que está assistindo: "Em que balde Paulo vai procurar o brinquedo?". Crianças com menos de quatro anos respondem "no vermelho", aquele que elas sabem ser o que esconde o brinquedo, pois não conseguem imaginar o que passa pela cabeça de Paulo. Mas crianças com mais de quatro anos respondem "no azul". Elas conseguem criar uma teoria sobre o que passa pela mente de Paulo: "Paulo deve estar pensando que, quando foi espantado pelo King-Kong, deixou o brinquedo embaixo do balde azul; como não viu a troca, ele imagina que o brinquedo ainda deve estar lá, então é lá que vai procurar primeiro". Nessa idade a criança já responde baseando-se no que imagina que passa na cabeça de Paulo, mesmo sabendo que Paulo está enganado. As mais jovens não conseguem imaginar o que pode estar passando na cabeça de Paulo e respondem o que passa na sua própria cabeça — ou seja, o fato observado, que o brinquedo está no vermelho. Esse resultado demonstra que crianças de mais de quatro anos já imaginam que Paulo tem uma crença errada em sua mente e vai agir de acordo com essa crença. Ou seja, já possuem a ToM.

O que os cientistas fizeram agora foi repetir com chimpanzés, orangotangos e bonobos o mesmo experimento feito com crianças. Mas havia uma dificuldade a ser superada: esses animais não falam. Como não é possível perguntar a eles onde Paulo vai procurar o brinquedo, os cientistas desenvolveram um método não verbal — um aparelho capaz de detectar para onde o olho está direcionado. Com crianças, isso funciona muito bem; se elas esperam que Paulo vai procurar no balde vermelho, imediatamente olham para esse balde quando o ator entra em cena.

Nesse novo experimento, os cientistas observaram que a maioria desses primatas se comporta como crianças de mais de quatro anos. Foram testados dezenove chimpanzés, catorze bonobos e sete orangotangos usando um teatrinho muito semelhante, sempre avaliando se os animais eram capazes de prever o comportamento de Paulo. Apesar de uma parte dos animais não se concentrar na peça de teatro e não olhar para nenhum dos baldes, dos que prestaram atenção, aproximadamente 66% foram capazes de prever que Paulo, induzido por seu conhecimento errado, iria procurar primeiro no balde azul. E 33% se comportaram como crianças de menos de quatro anos, prevendo com o olhar que Paulo primeiro iria olhar o balde vermelho.

A ToM é um elemento essencial para o bom convívio social, e não é de espantar que esses animais já tenham essa capacidade. Passo a passo, a ciência vem demonstrando que somos mais parecidos com os grandes macacos do que gostamos de imaginar. É o antropocentrismo levando paulada.

*Mais informações em: "Great apes anticipate that other individuals will act according to false beliefs". Science, v. 354, p. 110, 2016.*

## 2. Atenas e a pasta de dente

"Foi Clóvis Bornay que invadiu Atenas." Flúor (F), cloro (Cl), bromo (Br), iodo (I) e astato (At) são os elementos químicos da décima sétima coluna da tabela periódica. Nessa estranha combinação de compreensão e memorização que chamamos de aprendizagem, vale tudo para "saber a matéria", aquilo que "cai" nos exames vestibulares. Fui educado em um ambiente no qual a compreensão reinava solta, a memorização era considerada o lado negro do ensino. O bom aluno não precisava memorizar, bastava compreender o conteúdo ensinado. Infelizmente a realidade é mais dura, e nas noites que antecediam as provas acabei descobrindo que não escaparia dos dois lados da moeda aprendizagem. A decoreba era inevitável. Até hoje, vejo o Clóvis Bornay invadindo Atenas quando me deparo com a palavra "flúor" em um tubo de pasta de dente.

Não adianta negar, a quantidade de informação que temos que inserir no cérebro dos jovens é muito maior do que o cérebro humano está preparado para assimilar utilizando somente a curiosidade instintiva que herdamos dos nossos ancestrais símios. Daí a necessidade dos currículos escolares, métodos de aprendizagem e outras tecnologias desenvolvidas desde a criação das escolas. Recentemente, estudos científicos estão avaliando a eficácia desses métodos e a razão de seu sucesso. Um exemplo é a descoberta que mediadores de memorização, como a frase sobre as memoráveis fantasias carnavalescas do sr. Bornay, explicam como os exames simulados ajudam no aprendizado.

Faz alguns anos que os cientistas confirmaram o que os cursinhos já intuíam havia décadas. Testes e simulados não somente ajudam o aluno a se familiarizar com o ambiente de um exame, como também — mais importante — facilitam a memorização da matéria. A questão é saber se um simulado é mais eficiente que um período de estudo, além do porquê dessa eficiência maior.

Cento e dezoito alunos educados em língua inglesa foram desafiados a aprender o significado de 48 palavras em suaíli, uma das línguas oficiais do Quênia, Tanzânia e Uganda. Para tanto, tinham que estudar uma tabela contendo 48 pares de palavras, a em suaíli e sua correspondente em inglês, como: *wingu* / *cloud* ("nuvem"). Ambos os grupos foram instruídos a tentar fazer associações que os ajudassem a memorizar o significado e anotar essas associações em um papel. Por exemplo, *wingu* lembra *wing* ("asa", em inglês), o que nos faz lembrar de *cloud* ("nuvem"). Os alunos estudaram durante quatro blocos de tempo. No primeiro, todos os alunos estudavam a lista. Nos outros três blocos, metade dos alunos tinha o tempo liberado para estudar, enquanto a outra metade era primeiro submetida a um teste e, em seguida, podia estudar livremente. Terminados esses blocos de estudo, todos os alunos foram para casa e voltaram uma semana depois para ser avaliados. Durante a avaliação, cada um dos dois grupos foi dividido em três subgrupos. Um subgrupo recebeu uma prova na qual constava somente a palavra em suaíli, e o aluno deveria preencher a palavra em inglês. O segundo subgrupo recebeu a palavra em suaíli e as palavras que eles haviam associado ao termo em suaíli, devendo escrever a palavra em inglês. O terceiro subgrupo recebia a palavra em suaíli e era somente estimulado a lembrar das associações (que não eram fornecidas) antes de responder a palavra em inglês.

Os alunos que somente haviam estudado e não foram submetidos a simulados acertaram o significado de somente 10% das palavras. Esse resultado aumentava para 40% se eles fossem informados das palavras de associação, mas caía para 20% se eram somente estimulados a lembrar a palavra de associação. Os alunos que foram submetidos a simulados como parte da aprendizagem se saíram muito melhor. Acertaram 40% sem receber nenhuma dica, 45% quando recebiam as dicas por escrito e voltavam para 40% quando somente eram estimulados a lembrar das dicas. Esses resultados demonstram que os testes simulados aumentam muito o nível de aprendizagem. Mostram também que o efeito de fornecer a palavra associada faz grande diferença para os alunos que não foram submetidos a simulados e pouca diferença para os que fizeram simulados. Os cientistas acreditam que os testes simulados ajudam o aprendizado, facilitando a memorização das palavras associadas e sua associação a cada par de palavras.

A conclusão é que cada vez que vejo um tubo de pasta de dente (um teste simulado) ele reforça minha associação entre a ambição imperialista de Clóvis Bornay e os elementos da décima sétima coluna da tabela periódica. O resultado é que, após todos esses anos, eu ainda sou capaz de lembrar o nome e a ordem na coluna de cada um desses elementos químicos. Mas a verdadeira questão é saber se vale a pena ter parte do meu cérebro ocupado com esse conhecimento. Nos últimos trinta anos, sua única utilidade foi escrever este texto.

*Mais informações em: "Why testing improves memory: Mediator effectiveness hypothesis".* Science, *v. 330, p. 335, 2010.*

# 3. Como se formam as memórias

Entre o Oiapoque e o Chuí existem centenas de marcos geográficos que demarcam a fronteira brasileira. Um amigo dos meus pais os recitava de memória. Eu fui obrigado a decorar a tabuada, o que não ocorreu com meus filhos. Nas últimas décadas, a memorização de novos conhecimentos por meio da repetição exaustiva caiu em desuso. Em parte, isso se deve aos novos métodos pedagógicos que valorizam a capacidade de utilizar o conhecimento, em vez de sua simples memorização. Mas uma polêmica nos meios científicos sobre a melhor maneira de criar memórias de longo prazo também contribuiu para o ocaso da tabuada.

A teoria clássica afirmava que a repetição exata de um estímulo era a melhor maneira de memorizá-lo. A nova teoria propunha que memórias mais duradouras eram formadas quando o estímulo contendo a informação era apresentado em diferentes formas a cada repetição. Na teoria clássica, a melhor maneira de memorizar a tabuada era repetir cada frase centenas de vezes. Na nova teoria, o aluno deveria ser submetido a uma série de repetições nas quais o contexto da informação mudasse a cada repetição. A memorização seria mais eficiente, pois o conhecimento ficaria "ancorado" em diversos pontos da memória. Agora, analisando diretamente a atividade cerebral à medida que a memória é formada, cientistas descobriram como as memórias mais duráveis são formadas.

Os testes foram feitos em 24 voluntários. A pessoa era colocada numa máquina de ressonância magnética, capaz de medir a atividade de cada região do cérebro a todo instante. É como se a máquina estivesse filmando que parte do cérebro está ativa ou inativa a cada segundo. Com a máquina na cabeça, os voluntários observavam uma tela de computador e eram instruídos a memorizar 120 fotos de faces de pessoas. Cada face era apresentada três vezes, misturada aleatoriamente às outras faces. Dada essa combinação, cada voluntário examinava um total de 360 faces, enquanto a máquina de ressonância registrava a atividade cerebral. Dessa maneira, foi possível registrar a atividade cerebral do voluntário para cada uma das três vezes em que ele foi apresentado às 120 faces.

Uma hora depois de terminada essa parte do experimento, o voluntário voltava para o laboratório para tentar identificar as faces que havia memorizado. Nessa segunda etapa, feita sem o aparelho na cabeça, era apresentada uma sequência de 240 faces, sendo que 120 eram novas e 120 eram as mesmas que ele havia observado enquanto estava na máquina de ressonância. Para cada uma dessas 240 faces, ele deveria dar uma nota de 1 a 6, dependendo do grau de certeza de que a face já havia sido observada na primeira parte do experimento. Feito isso, os cientistas selecionaram, entre as faces apresentadas na primeira parte do experimento, as que as pessoas tinham certeza de que se lembravam (nota 5 e 6) e as que elas seguramente haviam visto, mas não se lembravam (nota 1 e 2). Sabendo quais faces haviam sido memorizadas e quais haviam sido esquecidas, os cientistas examinaram a atividade cerebral do voluntário enquanto estava olhando faces memorizadas ou esquecidas. O objetivo era tentar descobrir que atividades cerebrais eram indicativas de que a memória estava se formando de maneira eficiente.

A comparação da atividade cerebral de um voluntário enquanto examina duas faces distintas é pouco informativa. Já se sabe que diferentes faces provocam diferentes reações e, consequentemente, diferentes atividades cerebrais. Enquanto uma face pode provocar reações do tipo "ela é parecida com minha avó Zica", outra face pode provocar reações do tipo "nunca vi um homem tão triste", e é claro que a atividade cerebral que gera esses pensamentos é diferente. Foi por esse motivo que os cientistas compararam a atividade do cérebro nas três vezes que a mesma face foi apresentada ao voluntário, tanto no caso das faces memorizadas quanto no caso das esquecidas.

Quando essa comparação foi feita em centenas de faces pelos 24 voluntários, ficou clara uma diferença entre as faces lembradas e as esquecidas. No caso das faces lembradas, a atividade cerebral era semelhante nas três vezes que a pessoa observava a mesma face. No caso das faces esquecidas, cada vez que a pessoa observava a face, a atividade cerebral era diferente. Isso demonstra que a formação eficiente de memória ocorre quando o padrão de atividade cerebral se repete perfeitamente cada vez que o estímulo é apresentado.

Esse tipo de experimento foi repetido usando palavras escritas e sons em vez de faces, confirmando que formação eficiente de memória ocorre quando o estímulo é capaz de provocar reações idênticas em nosso cérebro e comprovando a teoria clássica do processo de memorização. É por isso que um grupo de crianças forçadas a recitar em voz alta todo dia um poema ou a tabuada acaba memorizando a informação para o resto da vida, e um advogado, cinquenta anos depois de sair da escola, ainda é capaz de listar os rios e montanhas do Oiapoque ao Chuí.

Portanto, se o objetivo é simplesmente memorizar algo, a repetição exata é a solução preferida; mas, se a ideia é educar crianças para lidar com a informação e utilizar o conhecimento de maneira crítica e criativa, a repetição exaustiva não é a melhor forma de educar. A arte está em combinar essas duas atividades.

*Mais informações em: "Greater neural pattern similarity across repetitions is associated with better memory".* Science, v. 330, p. 97, 2010.

# 4. Como as memórias se tornam permanentes

Pense no que está estocado em sua memória: a face de sua mãe, um trecho de música, seu RG, um cheiro. Apesar de a memória ser um dos constituintes principais de nossa identidade, sabemos muito pouco sobre como ela funciona. Os mecanismos usados pelo cérebro para armazenar, organizar e relembrar todas essas informações é um mistério. Mas, aos poucos, esse segredo está sendo desvendado por neurocientistas. Agora foi descoberto um hormônio envolvido no armazenamento das informações no cérebro.

Há muitos anos foi descoberto que o processo de formação das memórias ocorre em pelo menos duas etapas. Primeiro se formam as memórias de curto prazo (um número de telefone que alguém nos informa). Essa memória fica em nosso cérebro, disponível para uso, por uns poucos minutos, antes de ser totalmente perdida. Mas ela pode se transformar em uma memória de longo prazo e permanecer inalterada por décadas.

Acredita-se que a memória inicial é estocada na forma de circuitos formados transitoriamente em um grupo de neurônios (as células do nosso cérebro), presentes no hipotálamo (uma região do cérebro). Esse circuito é rapidamente desativado, a não ser que seja transformado em memória de longo prazo. Essa transformação é ainda pouco conhecida, mas se acredita que ela envolva modificações físicas nos neurônios do hipotálamo. Sabemos, por exemplo, que essa transformação não ocorre se a síntese de proteínas for inibida. Esse processo, chamado de consolidação, pode levar alguns dias. Agora foi descoberto que um hormônio, chamado de IGF-II (*insulin-like growth fator II*), é necessário para que essa consolidação ocorra.

Os experimentos foram feitos em ratos. Quando colocados em uma gaiola contendo uma caixa escura, os animais preferem ficar na penumbra, dentro da caixa. Os cientistas colocam uma placa elétrica no piso da caixa escura. Quando o rato tenta entrar, leva um choque na pata. Depois de diversas tentativas e muitos choques, o rato aprende que é melhor ficar no claro e não levar choque. Nesse momento, os cientistas podem desligar a placa elétrica. O rato memorizou que pode ser penoso tentar entrar na caixa escura e ficar no claro, mas o desejo de ficar no escuro continua. Enquanto durar a memória do choque, ele não tenta voltar para o escurinho. Quando a memória do choque se perde, ele volta a entrar na caixa. Com o experimento, é possível estudar a formação e o tempo de manutenção dessa memória muito simples. O treino inicial leva um dia, e o medo de entrar no escuro surge e aumenta rapidamente ao longo das primeiras 24 horas (é formada a memória de curto prazo). A partir desse momento, o rato tenta entrar no escuro poucas vezes e, ao longo das próximas duas semanas, a retenção dessa memória aumenta lentamente (o rato tenta entrar na caixa cada vez menos vezes até deixar de entrar), é o chamado período de consolidação da memória. Se desligarmos a placa elétrica nas primeiras 24 horas, não se forma a memória de longo prazo e rapidamente o rato volta a entrar na caixa. Se a placa ficar ligada até o final do período de consolidação, a memória pode durar muitas semanas ou até meses (é a memória de longo prazo).

A primeira descoberta foi que a concentração do hormônio IGF-II no hipotálamo aumenta bruscamente no primeiro dia e diminui logo em seguida, antes de se iniciar o período de consolidação. Isso levou os pesquisadores a se perguntar se esse pico de hormônio não seria necessário para a consolidação da memória. Para testar essa hipótese, eles aumentaram artificialmente a quantidade de hormônio, injetando doses dele direto no hipotálamo dos animais e observaram o que acontecia durante o período de consolidação. Nos ratos injetados, a consolidação da memória era mais forte e ocorria mais rapidamente (os ratos que receberam hormônio tentavam entrar na gaiola menos vezes e deixavam de entrar antes). Para confirmar o resultado, os cientistas injetaram no mesmo lugar uma pequena molécula que impede a síntese do IGF-II no hipotálamo. Nesse caso, os ratos injetados não apresentavam o pico de IGF-II e, apesar de formarem a memória de curto prazo, ela não se consolidava (os ratos injetados continuavam a tentar entrar frequentemente na caixa escura e continuavam a levar choques). Por fim, para confirmar que esse fenômeno não era devido a um efeito generalizado do hormônio, ele foi injetado em outras regiões do cérebro. Nesses experimentos, o IGF-II não provoca a melhora na consolidação da memória. Uma série de outros experimentos confirmou que esse hormônio desencadeia diversas alterações nas células relacionadas à consolidação da memória.

Esses resultados indicam que o IGF-II é, provavelmente, uma das moléculas importantes no desencadeamento do processo de formação das memórias de longo prazo. A descoberta desse mecanismo talvez permita a criação de drogas que facilitem a formação de memórias de longo prazo e que talvez possam ser usadas no tratamento de diversas doenças que afetam a formação de memórias. Por enquanto, os resultados não possuem aplicação prática, pois ainda não foram repetidos em seres humanos, e o efeito do hormônio só é obtido quando injetado diretamente no hipotálamo.

*Mais informações em:* "A critical role for IGF-II in memory consolidation and enhancement". Nature, v. 469, p. 491, 2011.

# 5. Como remover memórias de nosso cérebro

O medo é importante para a sobrevivência. Apesar de algumas reações de medo já existirem em nosso cérebro quando nascemos — serpentes são o exemplo mais estudado —, a maioria dos medos se forma quando vivemos experiências desagradáveis. Um choque elétrico ensina as crianças a não brincar com tomadas. Dada a importância do medo e das memórias associadas a ele, não é de estranhar que é muito mais fácil para nosso cérebro adquirir essas memórias do que se livrar delas. Agora foi descoberto um método extremamente simples de apagar esse tipo de memória. O impacto dessa descoberta é enorme, pois abre a possibilidade de alterarmos de maneira controlada nossa memória.

Faz décadas que se sabe que informações estocadas em nossa memória são reforçadas cada vez que as utilizamos. Cada lembrança do choque elétrico reforça nosso medo das tomadas. Sabemos também que, sempre que as memórias são relembradas, elas podem ser atualizadas. Se nos lembrarmos do choque elétrico ao observarmos uma pessoa sendo eletrocutada, essa nova informação é associada à memória do choque. Esse processo é chamado de reconsolidação da memória.

Há alguns anos foi descoberto em ratos que, durante o processo de reconsolidação da memória, que acontece na primeira meia hora após o animal viver a nova experiência, a memória antiga fica lábil e pode ser perdida. O processo é semelhante ao que ocorre em um computador. Um arquivo pode ficar anos guardado em um disco rígido, mas, no momento em que o abrimos e estamos fazendo alguma modificação, caso ocorra uma falha no computador, todo o seu conteúdo pode facilmente ser perdido. Esse período de alta labilidade dura pouco; se a falha ocorrer depois de suas alterações serem salvas, a chance de o arquivo ser perdido é muito pequena.

Foi descoberto em ratos que algumas drogas, quando ministradas durante o tempo de reconsolidação da memória, podem apagá-la totalmente. Como essas drogas não são seguras para o uso em humanos, nunca foi possível verificar se essa descoberta poderia ser usada para apagar nossas memórias. Agora um grupo de cientistas mostrou que é possível apagar memórias humanas durante o tempo de reconsolidação com um simples processo de condicionamento.

O experimento é simples. Dezenas de voluntários ligados a um aparelho capaz de ministrar pequenos choques elétricos foram condicionados a ter medo de um quadrado de papel de cor vermelha. Em 40% das vezes que esse papel era mostrado, eles recebiam um leve choque. Depois de várias horas submetidos a esse condicionamento, as pessoas suavam (o que pode ser medido diretamente na pele) cada vez que viam o papel vermelho, com medo do possível choque. No dia seguinte, essas pessoas eram novamente colocadas na máquina e nunca recebiam o choque ao serem expostas ao quadrado vermelho — um processo chamado de descondicionamento. Ao final do segundo dia, elas perdiam o medo e deixavam de suar ao ver o papel vermelho. Mas a memória da associação da cor vermelha ao choque não havia sido perdida, pois, no terceiro dia, bastava um único choque ao ver essa cor para que o medo dela voltasse. Isso demonstra que o descondicionamento feito no segundo dia não havia apagado da memória o medo do vermelho.

A grande descoberta é: se no segundo dia, imediatamente antes do descondicionamento, a pessoa recebesse um choque ao ser mostrada a cor vermelha e, imediatamente depois (durante o período de reconsolidação da memória), fosse feito o descondicionamento, a memória era apagada. No terceiro dia, um único choque não era capaz de trazer de volta o medo. As pessoas com a memória apagada só voltariam a ter medo da cor vermelha se fossem condicionadas novamente. Esses voluntários foram testados um ano depois do experimento inicial, e foi observado que os que haviam sido descondicionados durante o período de reconsolidação continuavam sem medo da cor vermelha. Os outros ainda retinham esse medo na memória.

Essa é a primeira vez que se demonstra ser possível manipular o conteúdo de nossa memória de maneira controlada e eficiente sem a utilização de drogas que atuam sobre o sistema nervoso central. Esse método está sendo testado no tratamento de soldados que voltaram das guerras com o chamado transtorno de estresse pós-traumático, causado por memórias de experiências vividas no campo de batalha.

*Mais informações em: "Preventing the return of fear in humans using reconsolidation update mechanisms". Nature, doi:10.1038/nature08637, v. 463, p. 49, 2009.*

# 6. Como apagar memórias sem deixar traços

Você gostaria de remover de sua mente um medo ou a memória de um trauma? Em camundongos, isso já é possível. E o método é tão simples que logo será adotado por psiquiatras e terapeutas.

O experimento, feito por cientistas de Helsinque e Nova York, baseou-se em duas descobertas feitas nos últimos anos. A primeira é que, tanto em animais quanto em seres humanos, é muito mais fácil reverter medos e traumas psicológicos durante a infância, enquanto o sistema nervoso ainda está em desenvolvimento. Nesse período, os cientistas acreditam que os neurônios possuem um maior grau de plasticidade e podem ser moldados mais facilmente por novas experiências (é por isso que é mais fácil aprender uma segunda língua na primeira infância). A segunda é que, nos últimos anos, foi descoberto que o tratamento de camundongos com antidepressivos, como a fluoxetina (Prozac), provoca mudanças no funcionamento do sistema nervoso, aumentando sua plasticidade.

Com base nessas observações, os cientistas imaginaram que

talvez a administração de antidepressivos tornasse o cérebro mais plástico, o que facilitaria a remoção de medos patológicos ou traumas de guerra.

Para testar essa hipótese, eles fizeram o seguinte experimento: os camundongos foram primeiro condicionados a ter medo de um apito agudo. Para tanto, foram submetidos a pequenos choques elétricos toda vez que o apito tocava. Camundongos com medo do apito ficam imóveis assim que o ouvem, mesmo quando o som não é seguido de choque. Após terem sido condicionados a ter medo do apito, os animais foram divididos em dois grupos. Um recebeu fluoxetina por duas semanas e o outro serviu como controle, tendo recebido somente água. Após esse período, eles foram submetidos somente ao apito (sem choque) e suas reações foram monitoradas. Isso permite saber se haviam "esquecido" que tinham medo do apito e se o uso do apito sem o choque faria com que eles perdessem esse medo. Depois desses dois dias, foram deixados em paz por mais uma semana e testados novamente tanto com o apito sem choque (um subgrupo) como com o apito seguido de choque (outro subgrupo). O objetivo desse último teste não era reconcionar os camundongos a ter medo de choques, mas verificar se um único choque era capaz de restaurar o medo original.

Os cientistas observaram que os dois grupos de camundongos (com ou sem antidepressivos) perdiam o medo do choque ao longo do tempo e eram igualmente dessensibilizados durante os dois dias em que ouviam o apito sem receber o choque. A grande diferença ocorria mais tarde. Os animais que haviam recebido antidepressivos não recuperavam o medo espontaneamente ao longo do tempo nem voltavam a ter medo após um único choque. A memória do choque havia sido realmente eliminada. Eles estavam curados.

Em contrapartida, nos camundongos que haviam recebido

água, o medo voltava aos poucos, à medida que ouviam o apito; e em níveis muito altos se fossem submetidos a um único choque — ou seja, o medo estava "adormecido", mas voltava rapidamente após um único estímulo. Eles não haviam sido curados.

Além desses estudos comportamentais, cientistas analisaram os neurônios dos circuitos cerebrais envolvidos com essa resposta ao medo e confirmaram que a plasticidade desses circuitos foi aumentada pelo antidepressivo. Isso explica por que foi muito mais fácil eliminar o medo e a memória com o uso combinado de antidepressivos e processos de condicionamento.

Como processos de condicionamento semelhantes a esses já são usados para tratar traumas em seres humanos e as doses de antidepressivos necessárias são as rotineiramente utilizadas por psiquiatras, é fácil imaginar que essa combinação de tratamentos pode vir a ser usada em seres humanos no futuro próximo. Sem dúvida, um grande avanço no tratamento de diversos distúrbios psiquiátricos.

Por outro lado, essa tecnologia — que permite remover ou adicionar medos e memórias à mente humana — pode ser utilizada em processos de lavagem cerebral ou doutrinação. Um prato cheio para polícias secretas, seitas radicais e diretores de cinema.

*Mais informações em: "Fear erasure in mice requires synergy between antidepressant drugs and extinction training".* Science, v. 334, p. 1731, 2011.

# 7. Como criar uma memória falsa

Imagine que você vai visitar um local desconhecido, um templo no Tibete. No dia seguinte, em um outro lugar, usando um equipamento instalado na sua cabeça, eu ativo os milhões de neurônios do seu hipotálamo que guardam as memórias formadas durante sua visita ao templo. No momento em que essas memórias são reativadas, você recebe um choque elétrico. No terceiro dia, voltamos ao templo, mas você, com medo, recusa-se a entrar. Eu pergunto a razão, e você afirma apavorado: "Na última vez em que estive aqui, tomei um choque. Claro que não vou entrar novamente".

Duas memórias, o templo e o choque, adquiridas em locais diferentes, em dias diferentes, foram combinadas em uma única memória, a de que você levou um choque quando visitou o templo. Uma falsa memória foi criada em seu cérebro, e por muitos anos você vai ter medo de visitar templos. Ficção científica? Não, um experimento muito semelhante, feito com camundongos, foi recentemente descrito pelo grupo de Susumo Tonegawa, um ganhador do prêmio Nobel que trabalha no MIT.

Primeiro os cientistas construíram um camundongo transgênico que tem em todas as suas células um interruptor (na verdade, um gene que funciona como um interruptor, capaz de ligar ou desligar outros genes). Esse interruptor permanece desligado quando o animal ingere Dox (doxiciclina). Quando o Dox é retirado da dieta, o interruptor é ligado.

Animais contendo esse interruptor foram criados na presença de Dox (interruptor desligado) desde a infância. Quando adultos, os camundongos foram operados, seu crânio foi aberto e um pedaço de DNA contendo um gene chamado ChR2-mCherry (CR2) foi injetado na região do cérebro responsável pela formação de memórias. Durante a operação, além de injetar o CR2, é implantada uma fibra óptica capaz de iluminar o local do cérebro que recebeu a injeção. Finda a operação, o rato volta para a gaiola para se recuperar por alguns dias.

O CR2 só é ativado quando o interruptor está ligado (falta de Dox na dieta) e ele tem duas funções. Quando ligado, o CR2 incorpora-se às células do cérebro que estão ativas. Depois de ter sido incorporado nos neurônios, ele é capaz de ativá-los quando é atingido por um feixe de luz. Essas duas características do CR2 tornam possível o experimento. Usando esse sistema complexo, pode-se "marcar" as células ativas em um dado momento (ligando o interruptor) e, mais tarde, "ativar" essas mesmas células (incidindo um feixe de luz sobre elas).

Após preparar os camundongos, os cientistas iniciaram os experimentos. Primeiro removeram o Dox da dieta dos animais (o que ativa o CR2) e colocaram os camundongos em um ambiente totalmente novo (o equivalente a uma visita ao templo no Tibete). Os animais exploraram o ambiente memorizando o espaço, seus cheiros e suas cores. Enquanto isso acontecia, as células que estavam sendo ativadas durante o processo de formação dessa nova memória, por estarem ativas, incorporaram o gene CR2. Finda a visita ao novo ambiente, os camundongos foram levados para outro espaço completamente diferente. Nesse novo ambiente, a luz instalada no seu cérebro foi acesa (isso ativa o CR2 que estimula as células marcadas durante a visita ao primeiro ambiente) de modo a reativar as memórias do dia anterior. Ao mesmo tempo, os camundongos foram submetidos a um forte choque elétrico. Feito isso, a vida desses animais voltou ao normal: retornaram a suas gaiolas e voltaram a ser alimentados com Dox. Em resumo, os animais visitaram o templo um dia e, no dia seguinte, em outro ambiente, levaram um choque.

Animais normais passam a ter medo do local em que levaram o choque (ficam paralisados quando postos lá), mas não apresentam nenhuma reação estranha ao serem levados ao primeiro ambiente. Mas os animais que foram manipulados têm um comportamento completamente diferente: eles ficam com medo do primeiro ambiente (o templo), apesar de nunca terem levado um choque nesse local.

Esse resultado demonstra que os cientistas, usando essa manipulação experimental, puderam provocar o aparecimento de uma memória completamente falsa no cérebro dos camundongos. Os bichinhos passaram a ter medo de um local onde nunca ocorreu algo de ruim com eles. A memória do choque foi sobreposta à da visita ao primeiro ambiente (o templo) e agora eles lembram que levaram um choque no primeiro ambiente, o que nunca aconteceu na realidade.

Esse experimento é a primeira demonstração de como é possível criar memórias falsas no cérebro de um animal, manipulando diretamente a atividade dos neurônios. Além disso, essa descoberta torna possível um novo campo de investigação científica: o da manipulação experimental do processo de formação de memórias.

*Mais informações em: "Creating a false memory in the hippocampus". Science, v. 341, p. 387, 2013.*

# 8. Manipulando a memória

Nossa memória pode ser imaginada como uma rede que interliga fatos, imagens, odores e sabores armazenados em nosso cérebro. A imagem de um filé está associada a determinado sabor; o cheiro de um perfume, à pessoa que amamos. É por isso que "puxamos o fio da memória", cada recordação leva a outra, e podemos passar o dia revivendo experiências interligadas. Há algum tempo, descrevi como é possível criar em um rato a lembrança de um fato que ele nunca viveu. Agora, cientistas levaram esse experimento um passo adiante. Demonstraram que é possível associar duas memórias adquiridas independentemente. É como se, através de um truque tecnológico, fosse possível associar o cheiro de um leão que sentimos no zoológico à imagem do secretário da Receita Federal.

Ivan Pavlov ganhou o prêmio Nobel de fisiologia e medicina em 1904 pela descoberta do reflexo condicionado. Ele observou que bastava um cachorro sentir cheiro de comida para que começasse a produzir suco gástrico. Então resolveu tocar um apito toda vez que lhe trazia o alimento. Depois de um tempo, notou que bastava tocar o apito para que o animal começasse a produzir suco gástrico, mesmo na ausência do cheiro de comida. Ele postulou que seus cachorros já haviam associado cheiro de comida à produção de suco gástrico. Quando ele passou a apitar cada vez que trazia a comida, os cachorros associaram o apito à comida e, na sua memória, o apito — ou o cheiro de comida — indicava alimentação a caminho. Em outras palavras, Pavlov demonstrou como era possível associar na memória de um cachorro dois eventos aparentemente não correlacionados (apito e comida). Quando você acaricia o cão que trouxe a bolinha, ou beija o filho que mostra um boletim com notas altas, está fazendo a mesma coisa. Mas, nesses casos, estamos modificando a memória associando dois eventos realmente vividos. Agora era possível criar a associação sem que o animal vivesse as experiências.

Nesse novo experimento, feito com ratos, os cientistas injetaram na região do cérebro responsável pelas memórias espaciais um pedaço de DNA que só é absorvido pelas células que estão ativas. Em seguida, colocaram os ratos em uma gaiola quadrada. Ao memorizar o formato da gaiola e se familiarizar com o ambiente, algumas células dessa região do cérebro — responsáveis por guardar essas memórias — foram ativadas e, portanto, absorveram esse pedaço de DNA. Finda essa etapa, você tinha um rato capaz de lembrar a gaiola quadrada, e as células responsáveis por essa memória eram as únicas "marcadas" com esse pedaço de DNA. Em seguida, eles pegaram os mesmos ratos e injetaram a mesma molécula de DNA em uma região mais distante do cérebro, a responsável por guardar memórias relacionadas ao medo. Então, o rato foi colocado em um outro ambiente (gaiola redonda) e, assim que tocava o solo, ele levava um belo choque e era retirado da gaiola. As células que eram ativadas pelo choque na gaiola redonda absorviam o DNA.

No fim dessas duas etapas, temos um rato que "conhece"

uma gaiola quadrada inofensiva e possui, nas células responsáveis por esse conhecimento, nosso pedaço de DNA. Além disso, esse mesmo rato tem medo de tomar choque em gaiolas redondas e possui, nas células responsáveis por esse medo, nosso pedaço de DNA. Mas lembre-se: esse rato não tem medo de gaiolas quadradas, só de gaiolas redondas.

Agora vem a parte mais interessante do experimento. E, para você entender, tenho que explicar como funciona o pedaço de DNA que foi absorvido pelas células nas duas primeiras partes do experimento. Esse pedaço de DNA contém um sistema que permite que os cientistas ativem essas células a seu bel-prazer. Para ativar essas células, basta iluminá-las com uma lâmpada forte. Assim, na terceira parte do experimento, esses dois agrupamentos de células, em regiões diferentes do cérebro — um contendo a memória da inocente gaiola quadrada e outro contendo a memória do choque na gaiola redonda —, são iluminados simultaneamente (um laser havia sido implantado nos locais adequados do cérebro dos ratos). As células do ambiente quadrado são ativadas, bem como as células do medo. Feito isso, o rato é colocado novamente no ambiente quadrado (aquele que ele explorou e no qual nunca sentiu medo). E o que ocorre? O rato fica apavorado no ambiente quadrado. Pronto, a memória do choque foi associada ao ambiente quadrado sem que o rato jamais tenha tomado um choque ali.

É como se uma pessoa que tem medo de entrar em um porão — porque já foi picada por escorpião, mas vive confortavelmente em seu quarto — tivesse seu cérebro manipulado de tal maneira que ela passasse a ter medo de encontrar um escorpião no quarto, mesmo que nunca tenha encontrado.

Aos poucos, estamos entendendo o funcionamento dos mecanismos da memória para podermos criar memórias falsas e associar memórias preexistentes manipulando diretamente o cérebro.

Sem dúvida, um feito científico importante, que, se transformado em tecnologia, pode melhorar nossa vida ou infernizá-la. Esse tópico pode ir para a lista dos dilemas éticos a serem enfrentados pelas próximas gerações.

*Mais informações em: "Artificial association of pre-stored information to generate a qualitatively new memory".* Cell Reports, *v. 11, p. 261, 2015; e em minha crônica "Como criar uma memória falsa".* O Estado de S. Paulo, *3 ago. 2013.*

# 9. Por que esquecemos a primeira mamada

Todos nós perdemos as memórias da primeira infância. Não nos lembramos da primeira mamada ou dos primeiros passos. A razão dessa perda precoce foi descoberta.

A memória é formada por relações entre informações isoladas. Podemos não nos lembrar do nome de uma pessoa, mas nos lembramos de sua face ou de um acontecimento em que ela estava presente. A face está lá, o nome também, mas o fio que os ligava ficou fraco. Precisamos "puxar pela memória". Hoje sabemos que as memórias estão armazenadas em circuitos formados por neurônios. Quando os circuitos desaparecem, ou pela perda de neurônios, ou pela ruptura de parte das ligações, os elementos memorizados desaparecem ou perdem a conexão um com o outro.

Modelos matemáticos sugerem que basta alterar as relações ou o número de neurônios nesses circuitos para que a memória seja alterada. Ao envelhecer, perdemos neurônios, a rede fica menos conectada, e as memórias se vão. O mesmo acontece no caso de derrames ou acidentes. É fácil imaginar que, adicionando novos neurônios à rede, as relações entre eles se alteram e a memória deve ser afetada.

Há alguns anos, cientistas descobriram que, em uma região do hipotálamo, responsável por armazenar as memórias relativas a eventos e lugares, o número de neurônios continuava a aumentar depois do nascimento. Esse aumento, que se deve à divisão dos neurônios preexistentes, se torna mais lento com o passar do tempo. Logo se imaginou que essa mudança no hipotálamo pudesse explicar a perda de memórias adquiridas imediatamente após o nascimento. Mas uma coisa é imaginar, outra é demonstrar. Agora essa hipótese foi demonstrada experimentalmente.

Para contar o número de neurônios no hipotálamo, os cientistas fizeram microinjeções de um vírus modificado. O vírus emite luz e se divide quando as células se dividem. Assim, se no dia da injeção havia cem células e, dez dias depois, havia 120 células, os cientistas podiam afirmar que vinte novas células tinham sido incorporadas à rede de neurônios. Para criar memórias e testar sua duração, eles colocaram os animais em um ambiente novo e os submeteram a choques nos pés. Os camundongos aprendem a associar o ambiente aos choques e, quando são novamente colocados nesse ambiente, "congelam", evitando se mover. Quando essa memória é perdida, a reação de "congelamento" desaparece. Foi usando a combinação desses dois métodos que os cientistas demonstraram que o aumento no número de células no hipocampo está associado à perda da memória.

Num primeiro experimento, foi demonstrado que, quanto mais cedo após o parto a memória era gravada, menos tempo ela durava; e, quanto mais tarde, mais tempo ela durava. E essa observação estava correlacionada ao aumento do número de neurônios nos circuitos do hipocampo. Aumento maior, memórias mais efêmeras. Num segundo experimento, os cientistas induziram um aumento rápido do número de neurônios, forçando os animais a se exercitarem. Nesse caso, quando a adição de novas células é acelerada, as memórias duram menos. Num terceiro experimento, utilizaram drogas para reduzir a velocidade com que as células se dividiam e mediram simultaneamente a duração das memórias. Como previsto, as memórias passaram a durar mais tempo quando menos neurônios eram adicionados ao hipocampo.

Finalmente os cientistas foram em busca de animais, que, ao contrário dos camundongos e seres humanos, não apresentavam um aumento do número de células no hipocampo depois do nascimento. Eles encontraram dois roedores com essas características, o *Octodon degus* (um roedor nativo do Chile) e os porquinhos-da-índia. Quando os experimentos foram repetidos com esses animais, os cientistas puderam demonstrar que os animais não perdem as memórias formadas na primeira infância. Se eles aprendem a ter medo de um ambiente logo ao nascer, nunca mais perdem esse medo.

Esses experimentos demonstram que camundongos — e provavelmente seres humanos — perdem as memórias da primeira infância porque seu hipocampo ainda está em desenvolvimento logo após o nascimento. Novos neurônios ainda estão sendo incorporados aos circuitos que armazenaram essas memórias.

E nós, como seríamos se não tivéssemos nos esquecido de nossa primeira mamada? Já imagino psicanalistas conjecturando como seria tratar um porquinho-da-índia.

*Mais informações em: "Hippocampal neurogenesis regulates forgetting during adulthood and infancy". Science, v. 344, p. 598, 2014.*

# 10. Acostumado pela imaginação

Imagine como seria a vida se você não fosse capaz de se acostumar. O décimo bombom seria tão saboroso quanto o primeiro. O calor sentido ao entrar em um local abafado continuaria a incomodar mesmo após horas de exposição. Isso só não ocorre porque nosso cérebro tem uma capacidade enorme de se acostumar. Os cientistas chamam esse processo de *habituação*.

Quando recebemos um estímulo, seja agradável ou desagradável, de maneira repetitiva em um período curto, a resposta que ele provoca em nosso cérebro diminui ao longo do tempo: nos acostumamos. O processo de habituação ameniza sentimentos tão distintos quanto o prazer de ingerir alimentos ou a revolta com o baixo reajuste do nosso salário.

Até hoje se acreditava que a habituação dependia de o cérebro receber estímulos diretamente dos sentidos, sejam receptores gustativos ativados ao ingerirmos um bombom ou o sistema visual ao ver impresso o valor de nosso salário. A novidade é que experimentos demonstraram que é possível obter a habituação sem que o cérebro receba estímulo diretamente dos sentidos. Basta que imaginemos diversas vezes o estímulo para que o cérebro diminua sua resposta.

O experimento foi feito com aproximadamente cinquenta voluntários, usando doces M&Ms. Um grupo foi instruído a imaginar por trinta vezes o ato de retirar o doce de um frasco, colocar na boca, mastigar e engolir. Outro grupo foi instruído a imaginar 27 vezes o ato de retirar uma moeda de um frasco e colocá-la em um caça-níquel e, em seguida, imaginar por três vezes que retirava uma bala de um frasco, colocava na boca, mastigava e engolia. Finalmente, o terceiro grupo foi instruído a imaginar trinta vezes que retirava uma moeda de um frasco e a colocava em um caça-níquel. Dessa maneira, os três grupos fizeram trinta exercícios de imaginação, só que no primeiro grupo todos os exercícios eram dedicados à ingestão de doces, no segundo grupo somente três dos trinta exercícios mentais envolviam doces e, no terceiro grupo, nenhum exercício era com doces.

Após os exercícios, todos eram postos em frente a um pote de M&Ms e informados de que deveriam aguardar até serem chamados para terminar os experimentos. Não era dito se deviam ou não comer os doces no intervalo. Os cientistas queriam saber quantos doces as pessoas de cada um dos três grupos comeriam depois dos exercícios de imaginação. Isso era determinado quando os voluntários deixavam a sala e a quantidade de M&Ms consumida era medida com uma balança. Os resultados mostram que os voluntários que imaginaram trinta vezes que estavam comendo M&Ms ingeriam em média 2,21 gramas de doces, enquanto os que imaginaram que estavam manipulando moedas trinta vezes ou 27 vezes comeram o dobro da quantidade de M&Ms, 4,1 gramas. Isso demonstra que imaginar que você está comendo M&Ms é suficiente para provocar a habituação, ou seja, diminuir a vontade de ingeri-los. A habituação foi obtida através de um estímulo vindo da imaginação, e não diretamente dos sentidos.

O experimento foi repetido pedindo a outros voluntários que imaginassem estar trocando os M&Ms de um pote para outro sem levá-los à boca. Nesse caso, quando colocados na frente dos doces, todos (manipuladores de moedas ou de doces) ingeriram por volta de quatro gramas.

Em um terceiro experimento, as pessoas eram estimuladas a se imaginar colocando M&Ms no caça-níquel e a ingerir queijo. Quando colocadas em frente ao queijo e aos M&Ms, a habituação ocorria somente em relação ao queijo, e não aos M&Ms. Diversas combinações desse tipo foram testadas e, em todos os casos, a habituação só ocorria quando a pessoa imaginava exatamente o ato de comer.

O fenômeno de habituação, obtido com o ato de imaginar o consumo de alimentos diversas vezes, é o oposto do que acontece quando se pede para a pessoa simplesmente imaginar um alimento saboroso (poucas vezes e sem imaginar a ingestão). Nesse caso, ocorre o que os cientistas chamam de *sensitização*, um fenômeno que leva a um aumento no consumo dos alimentos. É o que ocorre quando observamos a foto de um alimento delicioso: nossa vontade de comer aumenta a ponto de salivarmos. A sensitização é o fenômeno que explica o sucesso das propagandas.

A descoberta de que a habituação pode ser induzida por nossa imaginação — e dispensa o estímulo direto dos sentidos — sugere novas estratégias para reduzir o apetite e, consequentemente, permitir a perda de peso. Antes do jantar, vá à cozinha, veja o que vai ser servido, volte para a sala, imagine trinta vezes o ato de ingerir os alimentos, e só depois se sente para comer. O mais interessante é que a descoberta talvez ajude a explicar por que imaginar de maneira repetitiva determinado comportamento pode reduzir nossa resposta quando finalmente nos defrontamos com ele.

*Mais informações em:* "*Thought for food: Imagined consumption reduces actual consumption*". Science, v. 330, p. 1530, 2010.

# 11. O que são aparições e fantasmas

Grande parte das pessoas já sentiu a presença de outra pessoa logo atrás. Quando nos viramos, não tem nada. Em pessoas sadias, essa sensação de presença é rápida e passageira e não causa desconforto. Mas, em pacientes com lesões cerebrais ou doenças mentais, essa sensação pode ser persistente e se manifestar de outras maneiras. Relatam que estão sendo perseguidas.

Cientistas acreditam que foram essas sensações que levaram os seres humanos a criar histórias de fantasmas e aparições. Isso para não falar da sensação de ter abandonado o próprio corpo durante episódios de perda de consciência. Associe isso à crença de que passamos a outro mundo após a morte, e é fácil entender por que as pessoas afirmam que "foram para o outro lado e voltaram" quando perdem a consciência.

Há alguns anos, relatei o caso de um paciente que durante uma cirurgia no cérebro dizia aos médicos que estava saindo do seu corpo toda vez que determinada área do cérebro era estimulada. Agora, os cientistas estão começando a entender o mecanismo cerebral que provoca essa sensação de presença e bolaram um truque que induz em qualquer um de nós essa sensação.

Para entender esse fenômeno, os cientistas analisaram lesões cerebrais (causadas por acidentes ou derrames) de mais de vinte pacientes que reportavam com frequência a sensação de ter outra pessoa por perto. Comparando a localização das lesões, puderam identificar o local do cérebro que havia sido danificado na maioria desses pacientes: era a região do córtex cerebral chamada de área 7 da região de Brodmann. É o local onde são integradas as informações vindas de todos os sentidos, como o tato e a visão, e tudo indica que é nessa área que o cérebro constrói e refina constantemente o modelo mental de nosso corpo.

Sabemos que o nosso cérebro mantém um modelo mental da localização de cada parte do corpo. Neste momento, meu cérebro sabe que minhas mãos estão sobre o teclado do computador, meus pés embaixo da mesa e meus glúteos apoiados na cadeira. Esse modelo mental tem muitas utilidades, como permitir que meu cérebro saiba que preciso levantar os pés se meus olhos informarem que está escorrendo água pelo piso do escritório. É esse modelo mental que permite que, mesmo de olhos vendados, sejamos capazes de tocar nossos pés. O cérebro sabe onde está sua mão e seu pé e consegue dirigir a mão até o pé sem o auxílio da visão.

Pois bem, os cientistas imaginaram que o processo de construção da imagem mental do próprio corpo estava alterado nesses pacientes, provocando sua duplicação. Essa duplicação levaria o cérebro a construir a imagem de dois corpos, um no local correto, outro logo atrás. Como sabemos que a construção dessa imagem mental do corpo é montada a partir de dados dos sentidos (meus pés reportam que estão tocando o chão e minha visão informa que os dedos estão no teclado), os cientistas tentaram "enganar" o cérebro de uma pessoa normal, manipulando a informação que os sentidos enviam ao cérebro.

Essa manipulação é feita por um robô. Funciona assim: um voluntário tem seus olhos cobertos e é levado para uma sala onde está o robô. Seu dedo indicador é colocado em uma espécie de dedal que desliza sobre uma superfície vertical plana que simula as costas de outra pessoa à sua frente. O voluntário pode mover livremente seu dedo como se o passasse na pessoa que está à sua frente. Mas aí vem o truque. Esse dedal envia a informação sobre qualquer movimento do dedo para um computador, e esse computador controla um dedo artificial que encosta nas costas do voluntário. Assim, quando ele passa o dedo ao longo da espinha dorsal da pessoa artificial que está na sua frente, simultaneamente o robô passa seu dedo mecânico nas costas do voluntário. Se o voluntário aperta o da frente, suas costas são apertadas pelo robô; se ele tira o dedo, o robô também tira; se ele acaricia, suas costas são acariciadas.

Esse equipamento muito simples causa uma confusão no cérebro dos voluntários. O cérebro é informado de que o dedo da pessoa está acariciando algo à sua frente, mas também é informado que aparentemente o mesmo dedo está tocando em suas costas. E, como isso nunca ocorre na vida real, o cérebro se confunde. Aos poucos, ao longo de minutos, o voluntário começa a sentir que há outra cópia de seu próprio corpo na sua frente, que está sendo acariciado por seu dedo (na verdade, são suas próprias costas que estão sendo acariciadas pelo robô).

Mas o mais interessante acontece quando as ações do robô, em vez de ocorrerem ao mesmo tempo em que as do dedo do voluntário, ocorrem com um pequeno atraso, de menos de um segundo (eu toco as costas à frente, mas sou tocado meio segundo depois). Nesse caso, as pessoas também começam a sentir a presença de um segundo corpo; mas, agora, ao invés de estar na frente do voluntário, ele "aparece" atrás. Como se fosse um fantasma.

A ilusão é tão forte que muitos voluntários se viravam, na esperança de ver a pessoa.

Esses experimentos demonstram que é possível criar algo semelhante a uma ilusão de óptica, mas, em vez de enganar nossa visão, enganamos a parte do nosso cérebro que constrói a imagem de nosso corpo. Quando isso acontece, nossa imaginação começa a lidar com essas duas imagens de maneira muito criativa e bizarra, e passamos a acreditar que estamos saindo do nosso corpo, que estamos "vendo" um fantasma, ou sentindo algo atrás de nós. Em condições normais isso não ocorre, mas, de vez em quando, o cérebro se engana e sentimos pessoas atrás de nós. Ou então sofremos um acidente e agora nosso cérebro passa a nos enganar constantemente, e as aparições se tornam frequentes ou constantes.

É muito provável que robôs como os descritos nesse trabalho científico venham a aparecer nos parques de diversão e, então, todos nós poderemos passar a ver fantasmas.

*Mais informações em: "Neurological and robot-controlled induction of an apparition". Current Biology, v. 24, p. 2681, 2014; e também em minha crônica "A sensação de sair do próprio corpo", em A longa marcha dos grilos canibais e outras crônicas sobre a vida no planeta Terra. São Paulo: Companhia das Letras, 2010.*

# 12. A leitura de mentes

A bola passa perto da trave. Na tela, a face de desespero. O atacante põe a mão na cabeça. Os lábios se movem e, sem escutar um único som, você ouve: "P... que pariu". Observando o movimento dos lábios, é possível "ouvir" seu desabafo. Essa habilidade, que todos temos de forma rudimentar, algumas pessoas desenvolvem ao máximo. É por isso que jogadores, treinadores e políticos cobrem a boca ao conversarem na frente das câmeras.

Mas existe uma outra capacidade, similar à leitura labial, que todos nós possuímos e que quase não nos damos conta. É a capacidade de ler a mente de outros seres humanos e de criarmos uma imagem do que se passa na mente do outro. Nos últimos anos, cientistas têm se dedicado a estudar a extensão, a precisão e o desenvolvimento dessa habilidade. Descobriram que ela é amplamente usada, é precisa e é ensinada às crianças durante a infância.

"Ela está com raiva, é melhor eu ficar quieto senão ela explode." Pensamentos como esse são comuns entre seres humanos e são exemplos de como somos capazes de ler a mente de outras pessoas. Observando o comportamento da pessoa (feição, movimentos), mas sem nenhuma informação verbal ou escrita, somos capazes de "ler" sua mente e deduzir seu sentimento (raiva). A partir dessa leitura, somos capazes de prever com alta probabilidade seu comportamento futuro (explodir). E, com base nesse conhecimento, alteramos nosso comportamento (ficar quieto).

Mas essa leitura pode ser muito mais complexa. Muitas vezes lemos na mente da outra pessoa o que ela está lendo na nossa mente. "Ele pensa que sou trouxa me cobrando cem reais. Sei que custa vinte reais; vou oferecer trinta, e ele vai aceitar." O comprador leu na mente do vendedor o que o vendedor havia lido na mente do comprador.

Se você observar seu dia a dia, vai perceber que utiliza com frequência sua habilidade de ler a mente de outras pessoas. O impressionante é quão precisa é essa leitura. O jogo de pôquer consiste em uma disputa entre pessoas que tentam ler a mente do adversário e, ao mesmo tempo, tentam impedir que o adversário leia sua mente. Tal como a comunicação verbal e escrita, a leitura da mente é um dos principais ingredientes das interações entre seres humanos. Sedução e negociação são algumas das atividades em que essa habilidade é essencial.

Hoje sabemos que ler a mente de outra pessoa ativa circuitos específicos no cérebro. Diversos experimentos demonstraram que a habilidade de ler de forma crua a mente de outra pessoa já existe em crianças de sete meses de idade e provavelmente possui um componente genético. Uma das características de pessoas com autismo é sua dificuldade em fazer a leitura da mente de outras pessoas. Do mesmo modo, a dislexia é uma dificuldade em fazer a leitura de caracteres escritos.

Grande parte da habilidade de ler a mente do outro é aprendida com os pais. Quando atribuímos estados mentais a personagens (o lobo mau está com fome) ou descrevemos para a criança o estado mental de outro adulto (seu pai está irritado), estamos ensinando a criança a deduzir o estado mental de outra pessoa a partir de sinais visuais ou comportamentais.

Estudos recentes mostram que em Samoa, onde falar sobre o estado da mente de outra pessoa é considerado tabu e se evita ao máximo o assunto, as crianças desenvolvem muito mais devagar sua habilidade de ler a mente de outros seres humanos.

Os cientistas acreditam que essa habilidade é parte de nossa herança cultural e surgiu entre os homens muito antes da escrita e da comunicação verbal.

Ao ler um poema de amor, transformamos riscos de tinta em palavras. E essas palavras, em uma leitura indireta da mente do poeta. Entre pessoas apaixonadas, a leitura recíproca das mentes é direta, completa e imediata. Talvez venha daí a sensação de fusão mental que acompanha os estados de paixão aguda. Claro que existe o risco de seu parceiro ser um exímio jogador de pôquer.

*Mais informações em: "The cultural evolution of mind reading". Science, v. 344, p. 1 243 091, 2014.*

# 13. Lendo sonhos em tempo real

Existe uma janela que nos permite observar o que se passa em nossa mente enquanto dormimos. São os sonhos. Quando acordamos, muitas vezes temos a impressão de que tivemos sonhos longos e complexos. Outras vezes nos lembramos somente de uma cena ou de uma sensação. Mas a verdade é que não sabemos com exatidão quando o sonho foi criado por nossa mente. Ele pode ter se formado nos últimos momentos antes do despertar, horas antes, ou imediatamente no momento em que acordamos.

O que sabemos com certeza é que, se a pessoa for acordada em certos estágios do sono (por exemplo, quando os olhos se movem rapidamente), ela é capaz de dizer o que estava sonhando. Em outros estágios do sono, relata que não estava sonhando. Mas isso não é uma prova de que não estava sonhando — afinal, reportamos somente o que nos lembramos. Para compreender o que se passa durante a formação dos sonhos, é necessário um método que possa "ler" nossos sonhos, independentemente do que reportamos ao despertar. Foi exatamente isso que um grupo de cientistas japoneses conseguiu desenvolver: um método capaz de decodificar nossos sonhos a partir de nossa atividade cerebral.

Equipamentos de ressonância, semelhantes aos usados em hospitais, podem medir a atividade de cada área cerebral. Faz anos que os cientistas conseguem associar a ativação de partes do cérebro a um tipo de pensamento ou visão. Olhar para um cachorro ativa certos grupos de neurônios, sentir medo ativa outros e assim por diante. Com base nessas descobertas foi possível desenvolver o método de ler sonhos.

Três voluntários concordaram em dormir dentro de uma máquina de ressonância, ligados a um eletroencefalógrafo capaz de detectar quando eles adormeciam. O voluntário deitava no equipamento e tentava dormir, enquanto a ressonância media a cada segundo a atividade de todas as regiões do cérebro. Assim que ele adormecia, os cientistas o acordavam e pediam para que relatasse o que estava sonhando. Ele descrevia oralmente e voltava a dormir. Quando estava dormindo de novo, os cientistas esperavam cinco minutos, e o coitado era mais uma vez acordado para relatar o sonho. Dessa maneira, os cientistas obtiveram o relato de 672 sonhos de três voluntários e, simultaneamente, a atividade de todas as regiões do cérebro nos minutos e segundos que antecederam o despertar e a descrição do sonho.

Usando esses relatos, os cientistas identificaram as palavras e imagens mais frequentes. Com os voluntários acordados, as imagens relacionadas às palavras foram mostradas e, simultaneamente, a atividade cerebral foi medida. Com base em todos esses dados, um computador foi programado para aprender a associar padrões de atividade cerebral a certos grupos de imagens e palavras, além de organizar esses padrões ao longo do tempo. Ou seja, descrever o sonho.

Num segundo passo, os cientistas submeteram ao computador somente os dados obtidos pelo equipamento de ressonância (a atividade de cada região do cérebro) durante os nove segundos que antecederam o despertar do voluntário e pediram para que o computador descrevesse o que ele estava sonhando. O resultado é impressionante: o computador gerou uma descrição do sonho. A resposta do computador foi comparada ao que os voluntários descreviam ao acordar. Nos casos em que o sonho era principalmente visual, com imagens vívidas, o computador foi capaz de fazer previsões muito precisas e acertou 80% dos sonhos. Veja um exemplo. Computador: "Imagem de um homem, comida, carro na rua". Relato do voluntário: "Um homem estava procurando comida em um carro estacionado na rua". Quando os sonhos envolviam sentimento — "estava com medo de algo desconhecido" —, o computador acertava muito menos; porém, em média, o conteúdo de 60% dos sonhos foi decodificado corretamente pelo computador.

É claro que esses resultados ainda representam o início de uma nova linha de investigação e, no estado atual da tecnologia, o computador claramente não é capaz de descrever a riqueza de detalhes que caracteriza os sonhos de cada um de nós. Mas é impressionante que sejamos capazes de ter uma primeira ideia do que uma pessoa está sonhando antes que ela acorde.

Esse resultado comprova de maneira experimental o que já suspeitávamos: que o sonho do qual nos lembramos ao acordar é o que estávamos sonhando imediatamente antes de acordarmos. Mas essa tecnologia também abre novas possibilidades. É possível identificar o conteúdo de todos os sonhos que são gerados durante uma noite (mesmo aqueles dos quais não nos lembramos), além do conteúdo de sonhos que, por serem muito assustadores ou estranhos, não conseguimos nos lembrar.

Sem dúvida, essa nova tecnologia aumenta muito a janela que nos dá acesso ao inconsciente. Freud iria gostar dessa possibilidade.

*Mais informações em: "Neural decoding of visual imagery during sleep". Science, v. 340, p. 639, 2013.*

# 14. A responsabilidade pesa um quilo e setecentos gramas

"Um político de peso, capaz de opiniões abrasivas, quando questionado sobre seus atos se esquiva com argumentos escorregadios. Incapaz de sentir a pressão da culpa sobre a alma, dorme um sono leve."

Você deve estar imaginando a que político estou me referindo, mas talvez não tenha percebido que o parágrafo acima contém cinco exemplos do uso de termos relacionados ao sentido do tato (peso, abrasivo, escorregadio, pressão e leve) para qualificar objetos que jamais percebemos através desse sentido (político, opiniões, Paulo, culpa e sono).

A associação de termos relacionados aos sentidos para qualificar objetos não relacionados ao sentido em questão ocorre em todas as línguas. Estudos quantitativos demonstraram que o tato é o sentido em que esse fenômeno de transferência é mais frequente, apesar de muitas vezes o sentido da visão ("uma mente brilhante") e do olfato ("aquele acordo fede") também fornecerem qualificadores para objetos não relacionados.

Muitos linguistas e psicólogos acreditam que esse fenômeno

se deve ao fato de o tato ser o primeiro sentido utilizado pela criança para perceber o mundo exterior. Mesmo antes de abrir os olhos, o recém-nascido sente o bico do peito na boca, prova o gosto do leite e se conforta com o cheiro e o abraço da mãe. Esses cientistas acreditam que mais tarde, durante o desenvolvimento da linguagem, a mente humana transfere para objetos abstratos muitas das qualificações derivadas dos sentidos. E ao longo da história da humanidade, em todas as culturas, essas associações se perpetuam em expressões verbais.

Agora, um grupo de cientistas deu um passo além e investigou se essa associação entre percepções táteis e objetos não relacionados influencia o comportamento e a capacidade de julgamento de pessoas adultas. O que eles testaram é se a presença de um estímulo tátil afeta nossa capacidade de decisão.

No primeiro estudo, pediram para cinquenta voluntários avaliarem o currículo de um candidato a um emprego hipotético. Todos os voluntários receberam o mesmo currículo, com o mesmo texto, impresso em folhas de papel idênticas, e tiveram o mesmo tempo para fazer sua avaliação. A diferença é que metade dos voluntários recebeu o currículo em uma prancheta leve, que pesava aproximadamente trezentos gramas, e a outra metade em uma prancheta pesada, de mais de dois quilos. Uma diferença de um quilo e setecentos gramas. Os voluntários deveriam avaliar, em uma escala de zero a dez, se o candidato era adequado à vaga, se possuía os requisitos necessários e assim por diante. O resultado é impressionante.

Os avaliadores que receberam a prancheta pesada deram notas maiores para as qualidades do candidato que, na língua inglesa, possuem expressões verbais associadas ao peso (capacidade intelectual e responsabilidade). Por outro lado, na parte da avaliação que perguntava sobre a capacidade de socialização do candidato, que na língua inglesa não possui expressões relacionadas ao peso, a avaliação pelo grupo de pessoas com as pranchetas pesadas ou leves foi idêntica. Além disso, os cientistas pediram para que os voluntários avaliassem como se sentiam em relação à responsabilidade de avaliar um candidato a partir de apenas um currículo. Os que haviam recebido o currículo em pranchetas pesadas avaliaram sua própria responsabilidade como muito maior quando comparada à percepção dos que receberam as pranchetas leves. Ou seja, "sentiram o peso da responsabilidade".

Outros cinco experimentos, que testaram se a manipulação de objetos rugosos ou lisos e duros ou moles afeta o julgamento de pessoas adultas, confirmaram que nossa capacidade de julgamento e decisão é realmente afetada pelo estímulo tátil ao qual estamos submetidos. Esse experimento demonstra claramente que nossa capacidade de tomar decisões racionais é aparente e limitada. Nosso cérebro, o aparato que processa informações e decide, está longe de ser isento de influências que datam de nossa infância. Tudo indica que nossa história tem um peso muito real sobre nossa capacidade de julgamento. Freud deve estar sorrindo no túmulo.

*Mais informações em: "Incidental haptic sensations influence social judgments and decisions". Science, v. 328, p. 1712, 2010.*

# 15. Como o cérebro constrói a fala

"Comer": leia e fale a palavra em voz alta. É fácil executar esse pedido, quase automático. Mas basta refletir um pouco para entender que diversas atividades cerebrais estão envolvidas na execução dessa tarefa. Os olhos precisam focar na palavra escrita, capturar a luz e enviar a informação ao cérebro. Por sua vez, o cérebro precisa reconhecer a palavra, chamar da memória a maneira como ela deve ser pronunciada e, finalmente, enviar a informação necessária para que os músculos da boca e da laringe produzam o som correto. Agora, pela primeira vez, três dessas atividades puderam ser localizadas com precisão no cérebro humano.

Como somos o único animal que possui uma fala sofisticada, estudá-la geralmente envolve experimentos em seres humanos. Faz décadas que a observação de pessoas com tumores ou ferimentos a bala no cérebro permitiu descobrir que uma pequena área do córtex cerebral — denominada área de Broca — é o local em que reside o controle da fala. Apesar de muitas teorias sugerirem que o cérebro faz esse processamento em etapas, nunca foi possível determinar se essas etapas eram sequenciais nem se diferentes regiões da área de Broca eram responsáveis por cada fase do processo.

Três pessoas que seriam operadas concordaram em se submeter a um experimento durante a cirurgia. Os pacientes foram anestesiados e o osso do crânio que recobre a área de Broca foi removido, expondo a superfície cerebral. Dezenas de eletrodos capazes de detectar a atividade cerebral foram implantados diretamente no cérebro dessas pessoas e conectados a um computador. Como cada eletrodo detecta a atividade de alguns milímetros quadrados de cérebro e os eletrodos estavam a alguns milímetros um do outro, foi possível monitorar simultaneamente toda a área de Broca. Feita a implantação, os pacientes foram acordados (ainda com o cérebro exposto) e submetidos ao experimento. Terminado o experimento, a parafernália eletrônica foi retirada e a operação para remoção de um foco epilético (que era a razão original para a operação) foi executada. Finalmente, a calota craniana foi recolocada no local, e essas três pessoas podem se orgulhar de terem contribuído para o avanço da ciência.

Durante o experimento, enquanto monitoravam a atividade detectada pelas dezenas de eletrodos, os cientistas mostravam palavras em uma tela de computador e pediam aos pacientes que lessem o texto e articulassem as palavras, que foram escolhidas de modo a exigir dificuldades crescentes de processamento. Primeiro eram apresentadas palavras como "comer", "beber" e "tremer", todos verbos na sua forma mais simples. Depois, eram apresentadas diversas formas de um mesmo verbo: "comia", "comesse", "comeria", ou "bebia", "bebera", todos exemplos de conjugação de verbos regulares, que forçavam o cérebro a adicionar uma terminação à raiz. Finalmente, eram apresentados verbos irregulares, nos quais o som muda muito quando o tempo verbal é alterado — por exemplo, o verbo "ser": "sou", "é", "era", "seria". Isso também foi feito com substantivos e inúmeros outros termos. Enquanto os voluntários liam e falavam as palavras, os eletrodos registravam a atividade de cada região e, mais importante, quanto tempo depois de mostrada a palavra na tela aquela região se tornava ativa.

Descobriu-se que existem três regiões distintas na área de Broca. Uma responde 0,2 segundo depois da leitura e parece estar associada à identificação da palavra ("comer", por exemplo). Se além de identificar a palavra ela precisa ser modificada ("comesse", por exemplo), uma segunda região se torna ativa 0,12 segundo depois da primeira. Finalmente, entra em ação uma terceira região, que, tudo indica, é responsável por colocar essa informação em um formato que permita à boca articular o som escolhido. Ela entra em campo depois das outras, 0,45 segundo após a leitura. Com a ativação dessa última região, toda a área de Broca fica inativa. Milissegundos depois, os músculos da boca e da faringe iniciam o processo de emissão do som.

*Mais informações em: "Sequential processing of lexical, grammatical, and phonological information within Broca's area". Science, v. 326, p. 445, 2009.*

# 16. A leitura e o reconhecimento de faces

A leitura e a escrita são invenções recentes na história do *Homo sapiens*. Faz menos de 7 mil anos que a escrita foi inventada por nossos ancestrais. Parece muito, mas 7 mil anos é nada do ponto de vista evolutivo. Isso significa que, muito provavelmente, a atividade de ler e escrever utiliza habilidades que já existiam em nosso cérebro muito antes de inventarmos essa nova maneira de nos comunicarmos. O mesmo ocorre com o ato de tocar piano: uma atividade relativamente recente, mas que somos capazes de aprender por que, muito antes de o primeiro piano ser construído, nosso cérebro já era capaz de controlar com precisão o movimento dos dedos e integrar esse movimento com nossa capacidade auditiva.

Quando uma nova atividade utiliza parte de nossa capacidade cerebral, duas coisas podem ocorrer. A primeira é que essa nova atividade integra diversas áreas do cérebro, provocando uma melhora em outras atividades. Isso foi demonstrado em ratos treinados para se localizarem em labirintos — eles melhoram sua capacidade de orientação quando soltos em ambientes complexos.

Outra possibilidade é que a nova atividade, ao desviar para uma nova função uma parte de nossa capacidade cerebral, prejudica outras atividades. É o que ocorre com os grandes pianistas: a área do cérebro responsável pelo controle dos dedos aumenta e invade as áreas vizinhas, que controlam outros músculos do corpo.

Um grupo de cientistas, incluindo dois brasileiros da Universidade de Brasília, resolveu estudar as consequências do processo de alfabetização no funcionamento do cérebro. Sessenta e três pessoas, divididas em três grupos, foram estudadas. Adultos analfabetos (10), adultos que aprenderam a ler na idade adulta (22), e adultos alfabetizados na infância (31). Cada grupo foi submetido a testes de leitura. Como era de esperar, os analfabetos acertaram 0% das palavras; os alfabetizados na idade adulta acertavam entre 60% e 90%; e os alfabetizados quando crianças mais de 95% das palavras.

Cada uma dessas 63 pessoas foi colocada em uma máquina de ressonância magnética capaz de medir a atividade de diferentes áreas do cérebro. Enquanto estavam dentro da máquina, os cientistas pediam para a pessoa executar diferentes tarefas. A máquina de ressonância determinava que áreas do cérebro eram ativadas durante a execução das atividades. A primeira classe de tarefas incluía responder a frases escritas. Como esperado, a imagem de perguntas escritas não causava grande ativação em nenhuma área do cérebro dos analfabetos. Já nos alfabetizados, diversas áreas do cérebro eram ativadas quando essas pessoas eram submetidas a perguntas escritas.

De maneira geral, o cérebro das pessoas alfabetizadas era ativado em um número maior de áreas e com mais intensidade quando submetido a testes de reconhecimento de imagens. Quando diversos tipos de casas, ferramentas, formas geométricas ou sequências de objetos foram apresentados aos voluntários, o cérebro das pessoas alfabetizadas sempre era mais ativo que o das pessoas analfabetas, sugerindo que o aprendizado da leitura e da escrita permite que o cérebro processe de maneira mais eficiente imagens não relacionadas à escrita. De certa forma, isso era esperado, pois os mecanismos cerebrais utilizados na leitura são os mesmos que utilizamos quando processamos outros estímulos visuais.

A grande surpresa foi o resultado obtido nos testes em que se media a capacidade de distinguir faces semelhantes em fotografias. Nesses testes, o cérebro dos analfabetos reagia de maneira mais intensa e em uma área maior que o cérebro dos alfabetizados. Esse resultado sugere que a parte de nosso cérebro responsável pelo reconhecimento de faces (uma característica já presente em diversos macacos) é em parte desviada para a atividade de reconhecimento dos caracteres escritos. Se isso for verdade, é de esperar que pessoas analfabetas sejam capazes de distinguir melhor os detalhes visuais presentes na face do que pessoas que foram alfabetizadas.

Esses resultados demonstram que a alfabetização, tanto de crianças quanto de adultos, melhora o rendimento de muitas atividades de nosso cérebro. Mas ela tem um custo: a capacidade diminuída de reconhecer faces. Isso sugere que a parte de nosso cérebro que utilizamos para ler e escrever é, de certa forma, aquela que nossos ancestrais utilizavam para reconhecer os sentimentos expressos na face dos membros de sua tribo. Hoje não reconhecemos visualmente a angústia na face de um amigo, mas não temos dificuldade em ler o e-mail em que ele nos conta que está angustiado.

*Mais informações em: "How learning to read changes the cortical networks for vision and language". Science, v. 330, p. 1359, 2010.*

# 17. A doce ilusão da vontade consciente

Quando nos levantamos da mesa, vamos até a geladeira e nos servimos de um copo d'água, temos a certeza de que esse comportamento complexo teve sua origem em nossa vontade. Em outras palavras, acreditamos que tudo se iniciou com nossa vontade consciente de tomar água.

Não há dúvida de que a mente humana é capaz de imaginar uma situação no futuro (a água prazerosamente descendo por nossa garganta), avaliar se essa situação futura é recompensadora (sim, tenho sede!) ou não (que preguiça de ir até a geladeira!) e tomar a decisão de agir para tornar real a situação futura que imaginamos. O problema é que, nas últimas décadas, os cientistas têm descoberto que muitos atos que acreditamos ser derivados de nossa vontade consciente na verdade são comandados ou modulados pelo nosso inconsciente.

A ilusão da vontade consciente é tão forte que muitas pessoas têm dificuldade em aceitar que atos inconscientes sequer existem. Para convencer os incrédulos, nada melhor que examinar os mais simples. Nosso coração bate o dia inteiro regulado por um mecanismo sobre o qual praticamente não temos controle consciente. O mesmo ocorre com o movimento dos intestinos. Outros atos são controlados pelo inconsciente durante a maior parte do tempo, mas podemos assumir seu controle. É o caso do ato de respirar. Em outros casos — por exemplo, quando dirigimos um carro por um percurso familiar —, abdicamos do controle consciente e, de repente, percebemos que já chegamos. O mesmo ocorre com o ato de andar. Você já tentou controlar conscientemente cada movimento de cada músculo do seu corpo enquanto anda? É praticamente impossível. Iniciamos o ato de andar, e nosso inconsciente toma conta dos detalhes enquanto sonhamos acordados.

A primeira descoberta que abalou nossa ilusão de que a vontade consciente inicia nossos atos foi o experimento que demonstrou que, quando uma pessoa levanta um dedo, um cientista que monitora seu cérebro é capaz de prever que ela vai decidir levantar esse dedo frações de segundo antes de decidir movê-lo e muito antes de o dedo realmente se mover. Nesse caso, mesmo que o cérebro já tenha "decidido" antes de a decisão aparecer na consciência, o ato de levantar o dedo só ocorre depois que essa vontade aparece na consciência.

Nos últimos anos, os cientistas descobriram que muitos de nossos atos são iniciados e concluídos sem que eles apareçam na nossa consciência. O elemento que provoca o início do ato também é inconsciente. Dezenas de experimentos demonstram que isso ocorre. Em um deles, duas pessoas sentadas a uma mesa são instruídas a montar dois quebra-cabeças em sequência. Os quatro quebra-cabeças, quando montados, revelam imagens de palavras. Foi descoberto que, se o quebra-cabeça montado primeiro por uma das pessoas revelar palavras como "vitória" ou "competitividade", essa pessoa vai montar mais rapidamente que a outra o segundo quebra-cabeça. Ou seja, mesmo sem ter decidido conscientemente tentar aumentar a velocidade com que tenta completar a tarefa, o inconsciente da pessoa utiliza a informação visual e o significado da palavra lida no primeiro quebra-cabeça para modular seu comportamento. A competitividade brotou direto do inconsciente. Interrogadas sobre o experimento, essas pessoas não têm consciência de que tentaram aumentar sua velocidade.

Nessa mesma linha, outros experimentos demonstram que, em um escritório, as pessoas mantêm suas mesas mais limpas se um ligeiro odor de desinfetante (em níveis abaixo dos percebidos conscientemente) for adicionado ao ar. Em outro estudo, pessoas eram informadas de que receberiam uma recompensa fixa em dinheiro (digamos, sempre um real) se apertassem um botão quando uma imagem de dinheiro aparecia na tela. Diferentes grupos foram submetidos a diversas imagens de dinheiro. A força com que as pessoas apertam o botão é diretamente relacionada ao valor que aparece na tela. Em todos esses casos, as pessoas agiram guiadas por estímulos vindos do inconsciente e nunca tiveram conhecimento ou "vontade consciente" de praticar os atos. Elas procuraram atingir um objetivo e executaram um ato sem intervenção da consciência. Experimentos mais complexos demonstram que muitas vezes iniciamos, executamos e terminamos muitos atos sem jamais termos consciência do que fazemos.

Esses experimentos têm gerado muitas discussões sobre seu significado. Eles afetam diretamente a imagem que temos de nossos atos, da nossa liberdade de ação e do que significa ser humano. Mas para muitos biólogos essas descobertas são mais uma demonstração de que, afinal, não somos tão diferentes dos outros animais.

A maioria dos seres vivos provavelmente não tem consciência de seus atos da mesma maneira que nós acreditamos ter. Apesar disso, agem e reagem durante toda sua vida guiados por um cérebro capaz de captar estímulos do meio ambiente e transformar esses estímulos em ações na ausência de consciência. Nossa mente consciente evoluiu no interior de um desses cérebros, e não deveria nos espantar que muitos dos mecanismos que governam o comportamento de nossos ancestrais ainda governem nossos atos. Precisamos aprender a conviver com o fato de que não passamos de animais sofisticados e, aos poucos, nos liberarmos da doce ilusão de que nossos atos dependem de nossa vontade consciente.

*Mais informações em: "The unconscious will: How the pursuit of goals operates outside of conscious awareness".* Science, v. 329, p. 47, 2010; *e também em minha crônica "A possibilidade de prever decisões e o livre-arbítrio", em* A longa marcha dos grilos canibais e outras crônicas sobre a vida no planeta Terra. *São Paulo: Companhia das Letras, 2010.*

# 18. A liberdade de decidir

Imagine que você está sentado à mesa, jantando. Na sua frente estão dois copos: um com água, outro com vinho. Durante a refeição, você escolhe diversas vezes se deseja tomar um gole de vinho ou de água. Como ocorre cada decisão? O que percebemos é que existem dois momentos. No primeiro, você decide conscientemente o que quer tomar (água, por exemplo). No segundo momento, tomada a decisão, seu cérebro direciona sua mão para o copo e você bebe um gole. Nos últimos anos, diversos experimentos demonstraram que isso é uma ilusão. O ato de escolher um copo, na verdade, ocorre em três tempos. Primeiro, seu cérebro decide que bebida vai tomar. Em seguida, essa decisão aparece na sua consciência (e você pensa que está tomando a decisão — uma ilusão, porque ela já está tomada). E, no terceiro momento, sua mão se dirige para o copo. Em outras palavras, a decisão é tomada inconscientemente e somente depois aparece na nossa consciência. A prova que esse primeiro momento existe, e é real, foi obtida em experimentos nos quais a atividade do cérebro foi medida antes, durante e depois do processo de decisão. Esses experimentos põem em xeque o próprio conceito, muito querido aos seres humanos, de que nossa consciência é a responsável por nossos atos. Vale a pena entender como esses experimentos foram feitos.

O voluntário é colocado na frente de uma tela de computador, na qual aparece somente uma das letras do alfabeto, escolhida de maneira aleatória. A letra é trocada a cada meio segundo. O voluntário coloca a mão esquerda sobre um botão (o copo de água) e a mão direita sobre outro botão (o copo de vinho). A instrução é simples. O voluntário pode ficar observando as letras por quanto tempo quiser até decidir apertar o botão esquerdo ou o direito. Mas, quando ele decidir qual botão vai apertar, deve fazer isso imediatamente e memorizar a letra que estava na tela. Quando o botão é apertado, a tela deixa de trocar as letras, e as últimas três que foram exibidas são reapresentadas. Ele deve escolher a letra que estava na tela quando decidiu qual botão iria apertar. Como o tempo entre decidir e apertar o botão é geralmente de menos de meio segundo, a letra escolhida é quase sempre a que foi mostrada meio segundo antes de o botão ter sido apertado.

Mas tudo isso é feito com o voluntário dentro de uma máquina de ressonância magnética, capaz de medir a atividade cerebral de cada milímetro cúbico do cérebro do voluntário. Dessa maneira, os cientistas conseguem saber o que está acontecendo em cada pedaço do cérebro, a cada meio segundo, nos dez segundos anteriores à decisão de apertar um dos botões.

Analisando o padrão de atividade do cérebro nos dez segundos antes de a pessoa decidir apertar o botão — e também comparando a atividade do cérebro nos casos em que o botão escolhido foi o esquerdo ou o direito —, os cientistas descobriram áreas do cérebro em que a atividade era diferente, dependendo de que botão a pessoa escolheria nos segundos posteriores. Agora, analisando somente essas áreas nos segundos que antecediam a decisão de apertar um dos botões, um computador é capaz de, antes de a pessoa decidir qual irá apertar, prever qual botão será. Quase sete segundos antes de a pessoa apertar um dos botões, é possível saber com 60% de certeza qual botão ela vai escolher. Dois segundos antes de a pessoa achar que está decidindo, observando a atividade cerebral, é possível saber com 90% de segurança qual botão será escolhido. Em outras palavras, um cientista observando seu cérebro é capaz de prever sua decisão alguns segundos antes do momento em que você acha que está decidindo. Isso demonstra que existe um intervalo de tempo em que o cérebro já decidiu, mas a decisão tomada ainda não surgiu no nosso pensamento consciente. A impressão de que a decisão foi tomada no momento em que ela surgiu na consciência não passa de uma ilusão.

Isso parece estranho, mas na realidade existe um número enorme de decisões que nosso cérebro toma e executa sem informar nossa consciência. Quando decidimos caminhar, essa decisão é consciente; mas, logo em seguida, nosso cérebro assume o controle e coordena a ação de dezenas de músculos nas pernas e braços que garantem que um passo seja seguido de outro. Tudo sem que nossa consciência seja informada. Quando lemos um texto, não temos consciência de como o cérebro comanda o movimento dos olhos. Na verdade, a decisão de beber água ou vinho também é tomada de forma inconsciente e somente depois surge na consciência, criando a ilusão de que estamos decidindo naquele momento. Atualmente, ninguém duvida desse resultado empírico, mas filósofos e cientistas estão envolvidos em uma ferrenha discussão sobre o significado dessa descoberta. Será que ela implica que a liberdade de decisão não existe? Ou será que decidimos livremente, mas de forma inconsciente, utilizando dados de nossa experiência? O mais interessante é que essa descoberta confirma uma das hipóteses mais queridas de Sigmund Freud, de que parte de nossas ações são controladas pelo inconsciente.

*Mais informações em: "Tracking the unconscious generation of free decisions using ultra-high field fMRI"*. PLOS ONE, v. 6, p. e21612, 2011.

# VII. SEXO

# 1. Quando um rato deseja um gato

Nada como o desejo sexual para diminuir a aversão ao risco. Mas, quando um rato se sente atraído por um gato, acaba comido. Literalmente. Ruim para o rato, bom para o gato e para o parasita que, instalado no cérebro do rato, faz com que o roedor se apaixone pelo inimigo.

Em 1999, descobriu-se que ratos infectados com o parasita *Toxoplasma gondii* apresentavam um comportamento estranho. Enquanto um rato normal fica totalmente paralisado e tenta se esconder ao sentir o cheiro de um gato, ratos infectados pelo *Toxoplasma* pareciam ficar curiosos e começavam a explorar o ambiente. É óbvio, se encontravam o gato, eram devorados. Mas como explicar esse comportamento quase suicida aparentemente causado pela presença do parasita?

O *Toxoplasma* infecta diversos animais, inclusive seres humanos, alojando-se no cérebro, onde forma minúsculos cistos. Mas o *Toxoplasma* só se reproduz sexualmente no intestino de um gato. É lá que ele se divide e acaba contaminando as fezes do bichano. Nós e os ratos somos contaminados quando entramos em contato com fezes de gatos contaminados. Uma vez no rato, o grande desafio do *Toxoplasma* é voltar para seu hospedeiro primário, o gato, a fim de se multiplicar. Para isso é necessário que o gato coma o rato — e, para a infelicidade do *Toxoplasma*, não é sempre que o gato consegue capturar o rato (vide *Tom & Jerry*). Na época em que esse comportamento foi descoberto em ratos infectados, cientistas sugeriram que ao longo da evolução o *Toxoplasma* teria adquirido a capacidade de se alojar em um local do cérebro dos ratos alterando o comportamento do roedor, o que facilitaria sua captura pelos gatos. Essa hipótese, digna de um filme de ficção científica, agora foi confirmada.

O experimento é simples. Dezoito ratos foram infectados com *Toxoplasma* e dezoito ratos saudáveis serviram como grupo de controle. Nove ratos infectados e nove ratos saudáveis foram colocados em gaiolas contendo um pedaço de tecido umedecido com urina de gato. A outra metade, nove ratos saudáveis e nove infectados, foi colocada em uma gaiola onde podiam sentir o cheiro de uma fêmea no cio colocada na gaiola ao lado. O estímulo durou vinte minutos. Uma hora e meia após o término do estímulo, os ratos foram sacrificados, seus cérebros preservados, fatiados e examinados ao microscópio. O objetivo era determinar qual área do cérebro havia sido estimulada durante a exposição à urina de gato ou ao cheiro das atrativas fêmeas no cio. Isso é possível porque, quando um neurônio fica ativo por muito tempo, ele sintetiza uma proteína chamada c-Fos que pode ser detectada nas fatias de cérebro. Se os neurônios possuem c-Fos, isso indica que eles estavam ativos antes da morte do animal. As áreas do cérebro envolvidas no desejo sexual e nas reações de medo foram examinadas cuidadosamente nos quatro grupos de animais.

Nos ratos normais estimulados pela presença da fêmea, somente a região envolvida no desejo sexual havia sido ativada. Também como esperado, os ratos normais submetidos ao cheiro de urina de gato apresentavam a área relacionada ao medo ativada e a região relacionada ao estímulo sexual desativada. O interessante é o que foi observado nos ratos infectados com *Toxoplasma*. Nos ratos submetidos ao cheiro das fêmeas, somente a área sexual era ativada. Mas nos ratos infectados submetidos ao cheiro de urina de gato, tanto a área relacionada ao medo quanto a relacionada ao desejo sexual haviam sido ativadas. Em outras palavras, os ratos infectados pelos parasitas, ao sentir o cheiro de urina de gato, ficavam com medo (como esperado), mas ao mesmo tempo eram atraídos sexualmente pelo cheiro. Como a atração sexual é mais forte que o medo, eles se aventuram a procurar a origem do cheiro de urina. Acabam encontrando o gato, são devorados, e o parasita pode colonizar o gato.

Esse resultado demonstra que a infecção pelo parasita não suprime o medo que os ratos sentem dos gatos, mas estimula de tal forma o desejo sexual que ele supera o medo. Parece-me que esse tipo de reação, o desejo superando o medo, não é estranho aos seres humanos. Seria curioso investigar se pessoas infectadas pelo *Toxoplasma* são mais propensas à infidelidade.

*Mais informações em: "Predator cat odors activates sexual arousal pathways in brains of* Toxoplasma gondii *infected rats".* PLOS ONE, *v. 6, p. e23277, 2011.*

## 2. Sexo e canibalismo

No português chulo, o verbo "comer" é associado ao ato sexual. Fulano comeu beltrana. A razão para a espécie humana associar o coito à alimentação talvez seja mais bem explicada pelos psicanalistas, mas essa associação existe de forma literal entre os animais. Um caso bem estudado é o das aranhas, que se falassem português usariam a expressão inversa. Fulana comeu beltrano. E, nesse caso, o uso da linguagem seria castiço.

Em muitas espécies de aranhas, após a corte, enquanto o macho insere seu órgão genital na fêmea e deposita seus preciosos espermatozoides, ela devora literalmente o macho, começando pela cabeça e terminando pelos órgãos genitais, já inúteis. Isso pode parecer um tanto cruel para os machos da espécie humana, mas faz todo sentido do ponto de vista evolutivo. No caso das aranhas, o macho é monogâmico e só copula com uma única fêmea, mesmo quando escapa vivo de seu primeiro encontro sexual. Além disso, é egoísta e autocentrado, não auxiliando na criação dos filhotes. Em suma, é um ser que se torna inútil após ter depositado seus espermatozoides. Portanto, nada mais natural que sua única contribuição para o sucesso reprodutivo de sua parceira seja doar a ela uma bela refeição. A primeira refeição da noiva após a noite de núpcias é o corpo de seu amante; que lindo! Os machos que se deixam devorar durante o sexo têm mais chances de passar seus genes para a próxima geração, pois a fêmea que recebe seus espermatozoides começa a aventura da reprodução bem alimentada. Mesmo as feministas mais radicais, que consideram o macho algo inútil, têm de concordar que existe alguma utilidade nesses machos mártires.

Existe uma espécie de aranha, a *Pisaura mirabilis*, que intriga os cientistas. Essa espécie tem um comportamento no mínimo bizarro e totalmente contrário ao que ditam as leis da evolução. Em uma fração considerável dos encontros amorosos, após a corte, a fêmea come o macho antes do ato sexual. O pobre macho se aproxima para tentar copular e é rapidamente devorado pela fêmea. Fulana come fulano antes de fulano comer fulana. Como explicar esse comportamento feminino? Ele mata a fome, mas evita a fecundação. Seria uma forma radical de controle de natalidade? O *coitus interruptus* levado ao seu extremo? Mas, se esse comportamento ocorresse em todos os encontros sexuais, a espécie já estaria extinta faz milênios.

Nos últimos anos, cientistas tentaram — e conseguiram — observar casais de *Pisaura* em pleno sexo, no íntimo de seu habitat. E descobriram algo sensacional. Em muitos casos, ao se aproximar da fêmea, o macho leva em seus braços um pequeno pacote branco que é entregue a ela. Enquanto a noiva, lisonjeada, desembrulha o presente, o macho, rápido e certeiro, fecunda a fêmea e corre para longe, salvando sua vida. Quando os cientistas investigaram o que continha o tal pacote branco, descobriram que não passava de uma mosca morta embrulhada carinhosamente em camadas e mais camadas de fios de seda, os mesmos usados para fazer as teias. A conclusão foi que os machos, para salvar o próprio corpo, entregavam o saboroso cadáver de uma presa. Qualquer semelhança com bombons presenteados no dia dos namorados é mera coincidência.

Agora, estudando um grande número de encontros amorosos entre casais de *Pisaura*, os cientistas comprovaram que os presentes salvam a vida de muitos machos e garantem a sobrevivência da espécie. Enquanto somente 5% dos machos que levam presentes são devorados pelas fêmeas, 35% dos que chegam de mãos vazias terminam comidos antes da cópula. Os cientistas também descobriram que as fêmeas famintas (de alimentos) muitas vezes preferem comer o macho a serem comidas por eles. É bem sabido que a necessidade de alimentos vem antes da necessidade reprodutiva.

Minha conclusão é que aranhas e seres humanos utilizam presentes para aplacar a ira de uma fêmea irritada e facilitar a obtenção de favores sexuais. Resta descobrir por que as fêmeas presenteiam os machos — um comportamento comum na espécie humana, mas ausente nas aranhas. Alguma sugestão?

*Mais informações em: "The shield effect: Nuptial gifts protect males against pre-copulatory sexual cannibalism". Biology Letters, v. 12, p. 20 151 082, 2016.*

# 3. Amor é sexo com suicídio

Que gostoso! Se não passa entre os lábios, essa frase passa pela mente da maioria dos *Homo sapiens* após o sexo. Mas no mundo animal sexo também pode ser perigoso. No caso de muitos insetos, o macho tem que fugir para não ser devorado após o sexo, outros oferecem dádivas na tentativa de escapar da morte. Resignados, outros se entregam durante o ato e são devorados antes da retirada do pênis. A decisão de copular pode levar à morte. Mas em um caso específico, da aranha *Dolomedes tenebrosus*, a vida do parceiro não é tomada pela fêmea agressiva, mas entregue de forma voluntária. Nessa espécie, o macho se suicida após o sexo, entregando seu corpo para ser devorado.

Por que esses comportamentos, aparentemente bizarros, foram selecionados ao longo de milhões de anos? Para um darwinista, a resposta é que eles devem ser vantajosos, senão teriam sido eliminados. Novos experimentos, feitos com essa aranha suicida, demonstram quão vantajoso pode ser o sacrifício.

Do ponto de vista do macho, a estratégia mais simples para deixar muitos descendentes é copular com o maior número de fêmeas possível, deixando para elas o encargo de criar a prole. Para as fêmeas, a estratégia mais simples é selecionar cuidadosamente o macho e investir na sobrevivência da prole. Quando a competição entre machos é feroz, copular loucamente nem sempre é possível, e aí a melhor estratégia para garantir que seus genes passem para a próxima geração é ajudar a fêmea a criar os filhotes. Parece familiar? Pois é, mamíferos, aves e humanos oscilam entre essas duas estratégias. Os casos de machos devorados são exemplos extremos da segunda estratégia — em que o macho, para garantir a sobrevivência da prole, transforma o próprio corpo em alimento. Algo não muito diferente dos homens que se matam de trabalhar para sustentar a família.

Mas como avaliar o benefício reprodutivo desse suicídio? Esse novo experimento é simples e informativo. Aranhas *D. tenebrosus* foram capturadas, mantidas em cativeiro e alimentadas com seu prato predileto: cadáveres de grilos. Os machos, que têm 10% do tamanho das fêmeas, são colocados para copular. No fim do ato, os machos se matam. Nesse momento, os cientistas intervêm. Em um grupo de casais, o macho morto é simplesmente retirado com uma pinça antes de ser devorado, e a fêmea fertilizada tem que se contentar com o alimento rotineiro. Em um segundo grupo, o macho morto é retirado e substituído por um grilo morto com o mesmo valor nutricional. E no terceiro grupo, o macho é retirado e colocado de volta para ser devorado. As fêmeas foram acompanhadas até o nascimento das ninhadas, e os cientistas mediram o número de aranhinhas que nasceram em cada uma delas, o peso dos recém-nascidos e sua taxa de sobrevivência na ausência de alimentos.

Os resultados mostram que as fêmeas que devoraram o macho geram o dobro do número de filhotes (quatrocentos versus duzentos) que os gerados pelas fêmeas que não comeram os machos ou comeram somente um grilo. O peso desses filhotes também é maior (0,6 mg versus 0,5 mg). Além disso, sua capacidade de começar a vida sem alimentos é maior. Eles sobrevivem doze dias sem comida, enquanto os outros sobrevivem oito dias.

Esses resultados demonstram que fêmeas que devoram o corpo do próprio macho geram mais filhos e filhos mais saudáveis. A ingestão do parceiro produz um efeito maior que a simples ingestão de grilos, o que sugere que o corpo do macho contém substâncias cujo efeito extrapola seu valor energético. Ainda não se sabe quais são essas substâncias, mas tudo indica que o macho, antes do único ato sexual de sua vida, prepara dois presentes para a fêmea: seus espermatozoides e uma refeição deliciosa e nutritiva, tão boa que ajuda seus filhos na primeira infância. Nesses animais, sexo e suicídio são gestos de amor paterno.

*Mais informações em: "Males can benefit from sexual cannibalism facilitated by self-sacrifice". Current Biology, v. 26, p. 2794, 2016.*

# 4. A competição entre fêmeas e a origem da fofoca

A cauda colorida dos pavões é resultado da competição entre pavões pelo acesso às fêmeas. Darwin descobriu e explicou essa relação. Desde então, cientistas descobriram diversas modalidades de competição entre machos de uma mesma espécie. Por décadas, a competição entre fêmeas foi ignorada pelos cientistas. Mas isso está mudando. Os cientistas estão descobrindo que as fêmeas de uma mesma espécie também competem entre si, porém de maneira mais sutil.

A revista da Royal Society de Londres publicou recentemente um volume dedicado aos diversos aspectos da competição entre as fêmeas, sejam elas de ratos, macacos ou humanos. Seja você macho ou fêmea, vale a pena ler. Aqui vão dois exemplos pinçados entre as dezenas descritas na coletânea.

Os machos geralmente competem pelo acesso às fêmeas, e as fêmeas competem pelo acesso aos bens necessários para garantir a sobrevivência da prole. No caso dos mosuo, uma tribo que vive no sudoeste da China, essa competição entre as fêmeas é muito acentuada e facilmente observada. Ao contrário de outras sociedades humanas, em que após o casamento a mulher vai viver na tribo do marido ou o marido vai viver na tribo da mulher, entre os mosuo nada disso acontece. Em cada casa vivem três gerações: a avó, todos os filhos e filhas, todos os netos e netas. Quando uma das fêmeas se casa, o marido continua vivendo com sua mãe e somente visita a esposa à noite, faz sexo e volta para casa. Dessa maneira, em cada casa vive uma única linhagem matriarcal. No cair da noite, os machos vão visitar suas esposas e voltam para dormir com a mamãe. Ou seja, os machos não ajudam nada na criação dos filhos, que fica a cargo dos habitantes da casa da fêmea.

Estudando essa tribo, cientistas descobriram que a competição entre irmãs é ferrenha. Apesar de todas as mulheres que vivem em uma casa serem casadas e receberem a visita dos maridos, verificou-se que as filhas mais velhas de uma casa acabam tendo mais sucesso reprodutivo — ou seja, um número maior de seus filhos chega à idade reprodutiva. O que os cientistas descobriram é que, no caso dos mosuo, as fêmeas mais velhas conspiram contra as mais novas para atrair os homens que visitam a casa toda noite, engravidam mais frequentemente e mais cedo, e também trabalham mais na lavoura, garantindo assim uma fração maior do alimento para seus filhos. As caçulas, coitadas, têm seus maridos roubados em muitas noites e, quando engravidam, não conseguem produzir o alimento necessário para garantir a sobrevivência dos filhos. O exemplo dos mosuo demonstra que a vida em um matriarcado pode ser competitiva e violenta.

Na maioria das sociedades humanas, e também entre chimpanzés e gorilas, após o casamento é a mulher quem vai morar na casa (ou grupo, no caso dos macacos) da família do marido. Chegando ao novo lar, a recém-casada, em vez de competir com as irmãs, compete com outras fêmeas no grupo. Mas quem é essa outra fêmea se todas as filhas casadas foram morar com seus maridos? Adivinhou? A sogra. A sogra e suas filhas solteiras.

Mas não pense que nas sociedades ocidentais modernas, em que após o casamento o casal vai morar sozinho em uma nova habitação, a competição entre as fêmeas esmoreceu. Em um experimento curioso, os cientistas chamaram pares de mulheres recém-casadas (que não se conheciam) para discutirem com um cientista do sexo masculino a relação delas com seus maridos. O que elas não sabiam é que o verdadeiro experimento ocorreria no intervalo da discussão. No início do intervalo, o cientista saía da sala enquanto as voluntárias tomavam um lanche. Durante o lanche, entrava na sala uma outra cientista, agora do sexo feminino, perguntando onde estava o cientista que havia saído da sala. Obtida a resposta, a cientista saía da sala. A discussão entre as duas voluntárias após a saída da cientista fêmea era gravada e filmada. Mas falta explicar um detalhe: em metade das entrevistas, a cientista fêmea que entrava na sala vestia somente uma calça comprida e uma camiseta; na outra metade das entrevistas, a mesma cientista vestia uma provocante minissaia, blusa decotada e botas. De resto, a interação entre a visitante e as voluntárias era idêntica.

O que os cientistas observaram é que a fêmea de calças e camiseta não provocava uma mudança na conversa e nunca despertava reações agressivas. Já a mesma mulher usando minissaia causava quase sempre uma mudança na conversa entre as voluntárias, que geralmente passavam a falar mal da visitante, muitas vezes insinuando suas más intenções com o entrevistador, comentando o mau gosto de suas roupas, enfim, denegrindo sua imagem. Os cientistas concluíram (você concorda?) que o diálogo agressivo e crítico entre as voluntárias após a visita da vampe é uma manifestação do espírito competitivo e agressivo das mulheres. Elas estariam tentando "proteger e não perder a posse" do macho que estava conduzindo a entrevista. A vampe era vista como uma ameaça, mas a mesma mulher, vestida discretamente, não era identificada como potencial competidora. Observe que essas mulheres não se conheciam, eram casadas, e o macho em questão só havia passado uma hora na companhia das duas voluntárias.

Esses dois exemplos demonstram como ocorre a competição entre as fêmeas, muito mais sutil e indireta que a violência física, direta ou disfarçada, que observamos na competição entre os machos.

Essa coletânea de artigos mostra que o estudo da competição entre fêmeas ainda está na sua infância, mas já nos ajuda a entender a cisma com a sogra e a origem da fofoca.

*Mais informações em: "Female competition and aggression: interdisciplinary perspectives".* Philosophical Transactions of the Royal Society B, *v. 368, p. 20 130 073, 2013.*

# 5. A vida sexual dos grilos ingleses

A necessidade de bisbilhotar a vida alheia parece estar codificada no genoma da espécie humana. Não é para menos que o ato de fofocar ocupa grande parte de nossa vida e que programas de televisão nos quais pessoas são encarceradas e monitoradas por câmeras e microfones fazem tanto sucesso. Mas alguns cientistas levam esse prazer ao ápice, dedicando sua vida ao ato de observar o comportamento dos animais. Jane Goodall passou 45 anos observando os chimpanzés em um parque na Tanzânia e é responsável por muito do que sabemos sobre a organização social e os hábitos desses animais. Edward Wilson passou parte da vida observando colônias de formigas. Esses bisbilhoteiros do século xx não dispunham de tecnologia sofisticada e eram incapazes de acompanhar o comportamento de muitos indivíduos simultaneamente. Agora um grupo de cientistas ingleses documentou durante dois anos a vida de toda uma comunidade de grilos. Descobriram quem brigou com quem, quem fez sexo com quem, quando, onde e quantas vezes. Esses dados foram cruzados com testes de paternidade que determinaram qual era o pai e a mãe de cada grilo que nasceu na comunidade.

Os *Gryllus campestris* não voam e vivem em campos gramados. Cada animal se esconde em um pequeno buraco. Como o buraco é pequeno, só cabe um grilo; por isso tanto as brigas quanto os atos de amor ocorrem na entrada dos buracos, à vista de toda a comunidade. Os adultos nascem no início do verão, acasalam e colocam seus ovos. As ninfas nascem dos ovos, passam o inverno no subsolo e emergem no verão seguinte como adultos. Para observar o comportamento de toda a comunidade, ao nascer, cada inseto era capturado e marcado nas costas com um pequeno adesivo, no qual estava seu número. Sobre o campo onde vivia a comunidade de grilos foram colocadas 64 câmeras de vídeo ligadas a sensores de movimento. Cada vez que era detectado um movimento, as câmeras, capazes de filmar tanto de noite quanto de dia, disparavam. Dessa maneira, todos os quase duzentos grilos foram filmados continuamente. Esses vídeos foram analisados e, como cada grilo era identificado pelo seu número nas costas, foi possível saber tudo o que cada um fez durante o ano. Ao final do ano, todos os grilos foram capturados e seu DNA extraído. O mesmo foi feito com todos os grilos que nasceram no ano seguinte. Comparando o DNA da geração dos pais com o DNA de cada filho, foi possível saber quem era o pai e a mãe de cada recém-nascido. Cruzando esses dados com os atos sexuais filmados durante o ano, os cientistas mapearam a vida sexual de cada grilo e o número de filhos produzidos por casal.

A quantidade de dados obtida é enorme, mas aqui vai um sumário das descobertas. Como esperado, quanto maior o número de atos sexuais em que um grilo participa, maior o número de filhos na geração seguinte. O interessante é que a maioria dos machos e fêmeas, apesar de muito promíscuos, não deixou descendentes, ou porque os ovos foram devorados ou porque os recém-nascidos morreram. Um número pequeno de machos e fêmeas foi responsável por toda a nova geração. Esses poucos bem-sucedidos produziram, cada um, no máximo dez filhotes. Outra descoberta é que a variabilidade do sucesso em procriar é maior entre os machos. A descoberta realmente surpreendente é que os machos que venciam as brigas não eram os que produziam mais filhos. O que acontece enquanto dois machos brigam é que um terceiro namora a fêmea disputada.

Esse é talvez o primeiro estudo em que todos os atos comportamentais de todos os membros de uma população foram analisados e comparados com o sucesso reprodutivo de cada membro do grupo. Não seria delicioso se uma grande emissora utilizasse essa tecnologia para produzir um programa de televisão com centenas de pessoas isoladas em uma ilha?

*Mais informações em: "Natural and sexual selection in a wild insect population". Science, v. 328, p. 1269, 2010.*

# 6. Competição entre machos no interior das fêmeas

A primeira relação sexual ninguém esquece. Mas para as abelhas e formigas ela é realmente inesquecível, já que a primeira é também a última. Muitos desses insetos têm sua vida sexual restrita a um único dia. As fêmeas deixam o ninho e, no decorrer do voo nupcial, acasalam. Em algumas espécies, a cópula ocorre com um único macho — são chamadas de monoândricas; em outras espécies, denominadas poliândricas, as fêmeas têm relações sexuais com diversos machos. Em ambos os casos, a atividade sexual termina ao final do dia. Após o ato sexual, os espermatozoides são estocados em um pequeno saco chamado espermoteca, sendo liberados ao longo da vida da fêmea à medida que ela necessita fecundar seus óvulos.

Nessas espécies, onde o sucesso reprodutivo depende de um único ato sexual, a competição entre os machos pelo direito de copular é ferrenha. Perdida a única chance, o macho não deixará descendentes. Do ponto de vista das fêmeas, a seleção do macho é de extrema importância, aquela única dose de espermatozoides vai determinar a constituição genética de seus descendentes.

Cientistas descobriram que, nas espécies poliândricas, a competição entre os machos continua mesmo após o ato sexual. Por incrível que pareça, os espermatozoides de diferentes machos continuam a competir dentro da espermoteca, no interior do corpo da fêmea.

Mas como, misturados dentro da espermoteca, o espermatozoide de um macho consegue reconhecer e eliminar seus competidores? Nos insetos, assim como nos mamíferos, o fluido ejaculado é constituído por um líquido, produzido por uma glândula chamada de assessória (nos mamíferos, esse fluido é produzido pela próstata), no qual os espermatozoides estão suspensos. Em um primeiro experimento, os cientistas separaram os espermatozoides do fluido e demonstraram que, na presença do fluido, o número de espermatozoides que sobrevive é muito maior que na ausência dele. Até aí, nada de especial, mas será que o fluido produzido por um macho também protege os espermatozoides de outros machos?

A surpresa foi que os resultados obtidos estudando espécies de insetos monoândricos é muito diferente dos obtidos nas espécies poliândricas. Quando os cientistas isolaram os espermatozoides de um macho e os incubaram com o líquido produzido por um irmão do macho ou por um outro macho qualquer, verificaram que nas espécies monoândricas todos os líquidos têm o mesmo efeito, protegendo o espermatozoide e aumentando seu tempo de sobrevida. Mas nas espécies poliândricas, em que as fêmeas normalmente copulam com diversos machos, os cientistas observaram que o líquido produzido pela glândula de um macho protege os espermatozoides do próprio macho, porém causa a morte dos espermatozoides de outros machos.

Isso significa que, no interior da espermoteca das fêmeas, onde os espermas de diferentes machos convivem durante meses, o líquido produzido por um macho "tenta envenenar" os espermatozoides do concorrente. Em outras palavras, além de proteger seus espermatozoides no interior das fêmeas, o ejaculado dos machos tem a capacidade de aniquilar os espermatozoides de seus competidores.

E a fêmea? Fica passiva, enquanto os espermatozoides dos diferentes machos se exterminam mutuamente no interior de sua espermoteca? Não, descobriram os cientistas. Em pelo menos uma espécie poliândrica, a espermoteca da fêmea produz um antídoto que bloqueia a capacidade assassina do ejaculado de seus amantes, garantindo desse modo a sobrevivência de um número suficiente de espermatozoides capazes de fecundar todos os seus óvulos.

Como pode ser visto, a competição entre machos pelo direito de copular e a guerra entre os sexos continuam a fazer vítimas muito depois do aparente vencedor ter conquistado sua fêmea. Os humanos não são tão diferentes.

*Mais informações em: "Seminal fluid mediates ejaculate competition in social insects". Science, v. 327, p. 1506, 2010.*

# 7. Sexo em altas temperaturas

No calor do sudeste australiano, os cientistas descobriram que o sexo pode tomar direções inesperadas. Lá, machos se transformam em fêmeas quando o clima esquenta.

É nessa região semiárida que vivem os dragões barbados, um réptil com cara de mau, conhecido entre os cientistas por *Pogona vitticeps*. No caso desses répteis, as fêmeas têm dois cromossomos sexuais distintos (zw), e os machos, somente um tipo (zz). Até recentemente, acreditava-se que o sexo de um indivíduo era selado pelo destino no momento da fecundação: se o embrião tem um cromossomo Z e um W, é fêmea; se recebe dois cromossomos Z, é macho. Meio ambiente ou experiências vividas, nada muda o determinismo genético. Pois bem, essa crença veio abaixo.

Tudo começou quando cientistas estavam analisando animais coletados no deserto australiano. De 131 animais coletados, eles descobriram que onze fêmeas tinham dois cromossomos zz e, portanto, deveriam ser machos. Mas esses animais colocavam ovos em vez de produzir espermatozoides e, portanto, apesar de ter genes de machos (zz), eram fêmeas do ponto de vista reprodutivo e comportamental. Eles foram denominados zzf para serem distinguidos dos machos, que foram denominados de zzm, e das outras fêmeas (zw).

Mas isso deixou os cientistas encafifados. Se um embrião era zz, o que o levava a se transformar em macho (zzm) ou em fêmea (zzf)? Se não eram os cromossomos que ele recebia no momento da fecundação, deveria ser algum fator ambiental. E essas fêmeas zz? Em que seriam diferentes das fêmeas "normais", as zw?

A resposta veio de experimentos feitos nos laboratórios. Como os cientistas tinham machos (zzm) e fêmeas (zzf) coletados na natureza, resolveram cruzar esses animais. Os ovos provenientes desses cruzamentos foram separados em grupos e colocados em ninhos com diferentes temperaturas, simulando o que ocorre no deserto (esses répteis não chocam os ovos, simplesmente os escondem em buracos ou fendas). Foram simulados "ninhos" com diferentes temperaturas entre 24°C e 36°C.

Quando os bichos nasceram, veio a surpresa. Nos ninhos que estavam em baixas temperaturas, todos os animais que nasceram eram zzm — ou seja, machos. Nos ninhos onde os ovos foram incubados a altas temperaturas, todos os que nasceram eram zzf — ou seja, fêmeas. A temperatura em que 50% dos animais nasciam machos e 50% fêmeas era 33,5°C. Em outras palavras, o que estava determinando o sexo desses animais com dois cromossomos Z era a temperatura, e não os cromossomos. Portanto, na natureza, quando machos zz acasalam com fêmeas zw, os filhotes zw são todos fêmeas e os filhotes zz podem ser machos (caso a temperatura do ninho seja baixa), ou podem ser fêmeas (caso a temperatura seja alta).

Essa descoberta é impressionante. É a primeira vez que se descobre uma espécie em que convivem dois mecanismos de determinação de sexo: um que depende da genética — e, portanto, dos cromossomos (Z e W) — e outro que depende do meio ambiente — no caso, a temperatura. Mas essa descoberta também tem uma consequência nefasta. Imagine que a temperatura global de fato aumente. Nesse caso, todos os animais zz vão nascer fêmeas e esse excesso de fêmeas vai se acasalar com os poucos machos. Imagino que os machos vão gostar da abundância de fêmeas. Mas esses cruzamentos vão gerar somente fêmeas e, rapidamente, a espécie vai se extinguir por falta de machos.

Atualmente esses répteis usam esse sistema duplo para fazer uma regulagem fina do número de machos e fêmeas na população, mas esse truque que hoje é útil pode levar esses animais à extinção caso haja um aumento na temperatura do meio ambiente.

Quer se divertir com um exercício mental? O que aconteceria em nossa sociedade se o *Homo sapiens* usasse um mecanismo semelhante ao dos répteis para determinar o sexo dos indivíduos? Imagine uma situação em que bebês do sexo feminino xx se transformassem em machos funcionais se gestados por mulheres com algum tipo de febre crônica. Ou mesmo o oposto: e se bebês de sexo masculino xy se transformassem em fêmeas nas mães com febre?

*Mais informações em: "Sex reversal triggers the rapid transition from genetic to temperature-dependent sex". Nature, v. 523, p. 80, 2015.*

# 8. Hoje cortejada, amanhã cortejadora

As refinadas danças entre casais e as brigas entre pretendentes são parte importante do processo de escolha dos parceiros sexuais. Afinal, todos têm interesse em combinar seus genes com os genes de parceiros fortes, saudáveis e bem adaptados ao ambiente. Isso garante uma maior chance de sobrevivência para os filhos. No *Homo sapiens*, esse fenômeno é complexo e sofisticado. São as trocas de olhares, as cantadas, as ficadas e o namoro que antecede o acasalamento. Mas o objetivo é o mesmo: conseguir um parceiro capaz de aumentar as chances de sobrevivência dos descendentes, tudo incluído na rubrica amor e paixão. Foi Darwin quem notou que o processo de seleção dos parceiros sexuais é uma força poderosa na evolução das espécies. Ele chamou esse processo de seleção sexual. Quando as fêmeas de uma espécie escolhem sempre os machos mais coloridos, o resultado, ao longo de gerações, são os coloridíssimos pavões. Se a fêmea escolhe o macho vencedor após uma luta entre machos, o resultado são machos enormes munidos de "armas" poderosas, como os chifres de alguns veados.

Na maioria dos casos, os machos assumem o papel de cortejadores, dançam, se exibem ou se envolvem em disputas. As fêmeas, no papel de cortejadas, detêm o poder, observam e escolhem. Os cortejadores (geralmente machos) acabam por desenvolver a parafernália vistosa ou bélica; as fêmeas, discretas, não exibem seu verdadeiro poder. Mas existem muitos casos nos quais os papéis são invertidos: as fêmeas se exibem e os machos escolhem. Nesses casos, são elas as vistosas. Em que grupo se encaixa o *Homo sapiens* é um assunto muito debatido nos bares e entre evolucionistas. O interessante é que agora foi descoberta uma espécie de borboleta em que machos e fêmeas se alternam no papel de cortejados e cortejadores.

A borboleta africana *Bicyclus anynana* chamou a atenção dos biólogos porque sua coloração varia ao longo do ano. Como ela cresce e se reproduz em poucas semanas, diversas gerações ocorrem durante um único ano. Mas as borboletas que nascem e se reproduzem nas diferentes estações do ano são diferentes. Durante o período de chuvas, as borboletas fêmeas nascem muito coloridas, com várias esferas negras e um centro branco nas asas. Nessa época, os machos que nascem são relativamente descoloridos. Essa situação se inverte na época da seca, quando os machos nascem mais coloridos que as fêmeas. Faz algum tempo que se sabe que essa diferença de coloração depende do grau de umidade presente durante o período de desenvolvimento das larvas e pupas. O problema era saber por que essas borboletas possuem esse complexo sistema de alternância de cores.

Os cientistas estudaram o comportamento de casais dessas borboletas. Eles observaram que, no caso das borboletas que nascem na época da chuva, são os machos que assumem o papel de cortejadores e as fêmeas se deixam cortejar. Os cortejadores dançam em volta dos cortejados, abrindo e fechando as asas de modo a induzir o cortejado a mostrar sua beleza (as esferas negras com centro branco). Mas esse comportamento se inverte na época das secas, quando são as fêmeas que assumem o papel ativo e os machos se deixam cortejar. Para verificar qual dos sexos possui o poder de escolher o parceiro, os cientistas utilizaram um truque. Eles pintaram o centro branco das manchas das asas de machos e fêmeas nascidos nas diferentes épocas para ver quem acabava por se acasalar depois de quatro dias de convivência. Observaram que, entre as borboletas da época da chuva, eram os machos que escolhiam as fêmeas (fêmeas sem mancha branca tinham pouco sucesso em encontrar um par). Isso explica a coloração mais forte das fêmeas nessa época do ano. Mas, durante a seca, ocorria o contrário: eram as fêmeas que escolhiam os machos (machos sem mancha branca não acasalavam). Nos dois casos, os que dançavam e forçavam o parceiro a mostrar as manchas eram os que detinham o poder de escolher o parceiro.

Esse é o primeiro exemplo bem documentado da alternância de papéis entre cortejado e cortejadores em uma espécie animal. Ainda não se sabe qual a vantagem dessa alternância de papéis entre os sexos, mas a presença desse duplo sistema de seleção sexual explica por que ambos os sexos apresentam cores vistosas. Essa descoberta demonstra que, ao contrário do que se acreditava, o padrão de seleção sexual pode não ser único em cada espécie animal. A diversidade de comportamentos sexuais, como sempre, é maior do que imaginamos.

Se você às vezes gosta de cortejar e ser escolhido, mas outras vezes gosta de ser cortejado e exercer o poder da escolha, não se preocupe; talvez exista um pouco de borboleta em você.

*Mais informações em: "Developmental plasticity in sexual roles of butterfly species drives mutual sexual ornamentation". Science, v. 331, p. 73, 2011.*

# 9. Figueiras, vespas e sexo à distância

Plantas e insetos selaram um pacto. Os insetos voam de flor em flor transportando o pólen necessário para fertilizar os óvulos. Em troca, coletam o néctar de que necessitam para se alimentar. Para grande parte das plantas e insetos, essa é uma relação promíscua em que diversas espécies de insetos polinizam uma mesma espécie de vegetal. Mas a fidelidade impera na relação entre a figueira africana *Ficus sycomorus* e a vespa *Certosolen arabicus*. A vespa é o único inseto capaz de polinizar a figueira que, por sua vez, é a única fonte de alimento da vespa. Seus destinos estão intimamente interligados. A vespa nasce no momento em que a figueira produz suas flores do sexo masculino, ricas em pólen e pobres em néctar. Como só vive dois dias, e a figueira na qual nasceu só vai produzir flores femininas semanas depois, só resta à vespa procurar alimento nas figueiras da vizinhança. Ao penetrar nas flores femininas, a vespa deposita o pólen, sorve o néctar e coloca seus ovos. Novas vespas eclodem na próxima floração e o ciclo se repete.

Com o desmatamento, a distância entre as figueiras vem aumentando, e os cientistas temiam que de um momento para outro a distância entre as árvores se tornaria maior que a autonomia de voo das vespas. Nesse momento, vespas e figueiras desapareceriam. Era preciso descobrir a autonomia de voo das vespas. O truque foi estudar as figueiras ao longo do rio Ugab, no deserto da Namíbia. Como o rio corta o deserto e as figueiras só se desenvolvem nas margens úmidas, um grupo de cientistas percorreu os últimos 253 quilômetros do rio e identificou todas as figueiras que cresciam nas margens do Ugab. A localização de cada uma das 79 figueiras foi determinada com um sistema de GPS. As distâncias entre as árvores variou de alguns metros a 84 quilômetros. Folhas de cada uma das árvores foram coletadas e seu DNA extraído. De cada uma das árvores, também foram coletadas dezenas de sementes que, após germinarem no laboratório, tiveram seu DNA purificado.

De posse das amostras de DNA, os cientistas utilizaram um teste de paternidade (semelhante aos usados para identificar o pai de uma criança) para descobrir a árvore "pai" (aquela que havia produzido o pólen que fecundou o óvulo) de cada semente. Assim, por exemplo, foi descoberto que uma semente produzida pela árvore n. 1 tinha como pai a árvore n. 3. Como os dados do GPS permitem calcular a distância entre a árvore n. 1 e a árvore n. 3, foi possível deduzir a rota percorrida pelas vespas carregando o pólen das flores-machos da árvore n. 3 para as flores fêmeas da n. 1. Essa análise foi repetida para cada uma das sementes coletadas. Os resultados demonstram que a menor distância entre uma árvore doadora de pólen e uma árvore produtora de semente foi de 14,2 quilômetros, que a maior foi de 160 quilômetros e que a distância média voada pelas vespas carregando pólen foi de 88,6 quilômetros.

Esse resultado é surpreendente, uma vez que essas pequenas vespas só vivem dois dias e voam somente durante a noite. O que se acredita é que as vespas são carregadas pelo vento e, ao sentirem o cheiro do néctar, voam ativamente em direção às figueiras em flor. Esse resultado demonstra que, utilizando sua colaboração com as vespas, as figueiras são capazes de praticar o sexo mesmo quando o parceiro está localizado a mais de 150 quilômetros de distância. O time figueira/vespa, com seus milhões de anos de experiência, é sem dúvida o campeão na prática do sexo à distância.

*Mais informações em:* "*Wind-borne insects mediate directional pollen transfer between desert fig trees 160 kilometers apart*". Proceedings of the National Academy of Sciences of the USA, v. 106, p. 20 342, 2009.

# 10. Um benefício da fidelidade conjugal

Do ponto de vista evolutivo, o número de descendentes deixados pelo indivíduo é a única medida de seu sucesso. A razão é simples. Se na média esse número for menor que um, a espécie se extingue; se for maior, a espécie se expande. Todas as espécies compartilham esse objetivo numérico, mas a estratégia utilizada para atingir o objetivo varia. Algumas, como os camarões, produzem milhões de ovos que são abandonados ao sabor dos mares na esperança de que alguns sobrevivam. Em outras espécies, a fêmea se responsabiliza por garantir a sobrevivência dos poucos filhotes, enquanto o macho busca fertilizar o maior número possível de fêmeas. Em algumas, pai e mãe trabalham juntos para garantir a sobrevivência da cria. Quando há colaboração entre os pais, é fácil entender a motivação: o filhote transmite para gerações futuras os genes de cada progenitor.

Mas como explicar que, em algumas espécies, irmãos e tios ajudam a criar um recém-nascido? Não seria de se esperar que, em vez de ajudar um parente a criar o filho, eles deveriam estar se preocupando em deixar seus próprios descendentes, passando seus genes para a próxima geração? Esse paradoxo, resolvido em 1964 pelo biólogo e matemático W. D. Hamilton, justifica o aparente altruísmo de tios e irmão e explica o surgimento de agrupamentos sociais entre animais. O que Hamilton propôs é que tios e irmão, ao ajudarem a criar os parentes, estão aumentando as chances de seus próprios genes passarem para as gerações seguintes. Isso porque irmãos e tios carregam parte dos genes presentes nos filhotes que estão ajudando a criar. Afinal, eles compartilham os mesmos pais ou os mesmos avós com os filhotes nos quais estão investindo seus esforços.

Mas, se a explicação de Hamilton está correta, é de se esperar que um irmão "prefira" cuidar de irmãos gerados pelos mesmos pais, com os quais compartilha 50% dos genes, do que de um meio-irmão. Se um dos pais é infiel ou promíscuo e o filhote é somente um meio-irmão — e, portanto, compartilha apenas 25% dos genes —, o "incentivo" para ajudar a criá-lo é menor. Com base nesse raciocínio, Hamilton propôs que a colaboração na criação dos filhotes deveria ser muito mais frequente em espécies nas quais ocorre a fidelidade conjugal. Agora, um estudo detalhado em 267 espécies de pássaros confirmou a teoria de Hamilton.

Em cada uma das 267 espécies, foi estudado o comportamento do grupo na criação dos filhotes. Em algumas, somente o pai ajudava a mãe. Em outras, irmãos e tios também ajudavam a alimentar os filhotes no ninho. Nos casos extremos, como os *Corcorax melanorhamphos*, os filhotes simplesmente morrem de fome se os pais não forem auxiliados pelos parentes. De uma forma ou de outra, em aproximadamente 10% das espécies de pássaros, os pais contam com a ajuda dos parentes. Além de determinar o comportamento social de cada espécie, os cientistas fizeram testes de paternidade por DNA nas famílias de cada espécie para determinar o grau de fidelidade conjugal. Espécies nas quais todos os filhotes, mesmo de diferentes ninhadas, possuíam os mesmos pais foram classificadas como fiéis. Quando a porcentagem de filhotes de pais diferentes aumentava, a espécie era classificada em grupos de promiscuidade crescente.

Finalmente os cientistas puderam correlacionar o grau de fidelidade de cada espécie com sua estrutura social. Essa comparação feita nas 267 espécies demonstra que, à medida que aumenta a infidelidade, diminui a quantidade de ajuda que os pais recebem dos parentes na criação dos filhos. Isso significa que fidelidade e ajuda da família estão correlacionadas e provavelmente têm uma relação causal. Quando uma espécie adota a fidelidade conjugal, os parentes passam a ter uma vantagem reprodutiva se ajudarem a criar os filhotes. Mas, por outro lado, ao abrir mão do direito de procriar com diversos machos, a fêmea está colocando todos os seus ovos na mesma cesta: se o macho tiver genes piores, esses genes estarão em todos os filhos. O equilíbrio entre a estratégia da fidelidade (em que a fêmea conta com a ajuda dos parentes, mas sacrifica a liberdade sexual) e a estratégia promíscua (em que a fêmea possui a vantagem da diversificação de machos, mas sacrifica a ajuda familiar) é tênue. Tanto é assim que as duas estratégias são amplamente utilizadas pelos pássaros.

O interessante é que esse mesmo comportamento, disfarçado e encoberto pelas convenções sociais, pode ser observado nas sociedades humanas — basta lembrar das malvadas madrastas retratadas em muitas histórias infantis.

*Mais informações em: "Promiscuity and the evolutionary transition to complex societies". Nature, v. 466, p. 969, 2010.*

# 11. Camundongos marcam encontros amorosos

É comum sentirmos prazer ao retornar a um local onde vivemos uma experiência prazerosa. Uma cidade associada a uma paixão ou um restaurante onde começou um romance. Muitas vezes, a memória desses lugares é tão forte que temos medo de retornar e nos decepcionarmos, mas é comum voltarmos buscando o prazer sentido no passado.

Agora foi demonstrado que os camundongos fazem a mesma coisa: memorizam os locais onde sentiram prazer no passado e retornam com frequência, buscando renovar a sensação de prazer. Mas se no caso dos seres humanos são estímulos visuais que identificam o local, no caso dos camundongos é o cheiro de algumas gotas de urina.

Existem inúmeros exemplos de animais que utilizam marcas olfativas para demarcar território, identificar indivíduos e estabelecer quem manda em quem. Cachorros machos depositam urina em superfícies verticais, demarcando território. Cadelas no cio atraem machos exalando perfumes enlouquecedores.

Enquanto os seres humanos usam estímulos visuais para memorizar a localização espacial de objetos, outros mamíferos utilizam estímulos olfativos para chegar ao local desejado. Cachorros são capazes de identificar pelo olfato o local por onde passou a raposa e seguir sua trilha.

Até recentemente acreditava-se que os animais utilizavam a detecção de moléculas voláteis para construir um "mapa olfativo" da região em que viviam. Mas, se esse fosse o único mecanismo, o "mapa" seria constantemente alterado pelo vento e por outros fatores que removem moléculas voláteis. Agora os cientistas descobriram que camundongos utilizam o cheiro de moléculas não voláteis, depositadas em locais determinados, para memorizar locais importantes — como, por exemplo, o local por onde passa seu parceiro sexual preferido.

O experimento é simples. Em um espaço previamente desconhecido, foram colocadas duas placas de Petri (parecem pires feitos de vidro). Sem colocar nada nas placas, foi estudado quanto tempo as fêmeas de camundongo ficavam em cada placa de Petri. Como era de se esperar, elas passaram o mesmo período de tempo em cada uma. Em seguida foi colocada uma gota de urina, de um camundongo macho, em uma das placas de Petri e as fêmeas foram colocadas no ambiente por dez minutos. Atraídas pelo cheiro do macho, elas ficaram três vezes mais tempo perto da placa que continha a urina do macho. Essas fêmeas foram então retiradas do local e voltaram para suas gaiolas. O local foi limpo, as placas de Petri foram substituídas por placas sem urina. Um dia depois, as fêmeas foram colocadas novamente no local. Mesmo sem o estímulo do cheiro, elas voltaram para o ponto onde, no dia anterior, estava a urina do macho — indicando que haviam memorizado o local da placa de Petri com urina.

Em um segundo estudo, os cientistas descobriram que, se utilizassem urina de fêmeas no experimento, as fêmeas não mostravam preferência pelo local que continha urina nem memorizavam esse local onde estava a urina. Aumentando o tempo entre a exposição das fêmeas à urina do macho e o momento em que elas eram trazidas de volta ao local, os cientistas descobriram que a memória persiste por até catorze dias.

Quando os cientistas investigaram qual dos componentes da urina dos machos era responsável por essa memorização espacial nas fêmeas, descobriram que a molécula responsável é um feromônio chamado r-darcin, que não é volátil — portanto, não se espalha pelo ar. Esses resultados demonstram que, ao visitar inicialmente um ambiente desconhecido, as fêmeas descobrem os locais onde os machos passaram anteriormente (urinaram no local depositando o feromônio r-darcin) e memorizam sua localização. Quando voltam a esse ambiente nos próximos catorze dias, mesmo na ausência de qualquer cheiro, elas retornam ao local.

Os cientistas acreditam que esse mecanismo de mapeamento espacial é importante para a organização social dos camundongos. Funcionaria assim: um macho passa por um local e deixa seu cheiro. As fêmeas memorizam o local e voltam lá na esperança de encontrar o cheiro do macho e, se tiverem sorte, o próprio macho, sempre disposta a acasalar. Se o macho não voltar nos próximos catorze dias, elas abandonam o local, concluindo que ele é pouco propício para encontros amorosos. Sem dúvida, esse mecanismo de "marcar encontros" facilita o acasalamento.

E não é muito diferente da estratégia usada por seres humanos. Membros da nossa espécie voltam frequentemente a locais onde podem encontrar parceiros sexuais, mas nesse caso a placa de Petri se chama "bar" ou "balada", e memorizamos o local através de informação visual, e não olfativa. Mas o ato de memorizar os locais mais propícios ao acasalamento tem a mesma função: permite que os parceiros sexuais disponíveis sejam facilmente encontrados, mesmo em uma cidade enorme como São Paulo. E, se a memória for agradável, o retorno é garantido.

*Mais informações em*: "*Pheromonal induction of spacial learning in mice*". Science, *v. 338, p. 1462, 2012.*

# 12. A guerra entre os sexos e a origem dos líderes

Quando imaginamos um líder, características como conhecimento, ousadia, educação e carisma logo vêm à mente. Mas será que isso se aplica ao líder de um cardume de peixes ou de um bando zebras, em que um animal determina o comportamento de todo o bando? A novidade é que dois pesquisadores demonstraram que, para uma população se dividir em líderes e liderados, basta que exista uma pressão evolutiva que favoreça a ação conjunta do grupo. Para surgirem líderes, os animais nem sequer precisam se comunicar.

Para simular o surgimento de líderes, os cientistas construíram modelos matemáticos baseados em um jogo conhecido entre os teóricos como "guerra entre os sexos".

Imagine um casal em que ambos desejam encontrar o parceiro todas as noites, mas estão impedidos de se comunicar. A única coisa que o homem sabe é que a mulher gosta de ir todas as noites ao bar A. E a única coisa que a mulher sabe é que o homem gosta de ir todas as noites ao bar B. Se a cada noite ambos forem aos seus bares preferidos, nunca irão se encontrar. Se ambos abrirem mão de seu bar preferido e forem ao bar do parceiro, tampouco vão se encontrar. Para haver um encontro é necessário que um seja turrão e não abra mão de sua preferência, mas que o outro abra mão de seu bar preferido. Agora imagine que o casal pratica esse jogo todas as noites e a única informação de que cada um dispõe para decidir aonde ir na noite seguinte é o comportamento do parceiro na noite anterior. Se o incentivo para o casal se encontrar todas as noites for alto (eles se amam), a melhor estratégia para o par é que um se torne o líder (vá ao bar que prefere) e o outro se torne liderado (vá ao bar preferido pelo parceiro). Com essa estratégia, eles se encontrarão todas as noites (e serão felizes para sempre). Veja que, nesse jogo, líder e liderado não precisam se comunicar para definir seus papéis, mas é necessário que um dos membros do par seja ligeiramente mais turrão e o outro seja um pouco mais compreensivo, de modo que o objetivo dos dois (namorar) seja atingido. O turrão se tornará o líder; o outro, o liderado.

Usando esse modelo, extrapolando essas condições para populações grandes em que essas interações ocorrem de maneira repetitiva e imaginando que o sucesso reprodutivo de cada membro da população é proporcional à sua capacidade de encontrar o parceiro, os cientistas construíram modelos matemáticos capazes de simular, variando os diferentes parâmetros, o surgimento de líderes e liderados. O resultado das simulações mostra que, a partir de uma população homogeneamente "turrona", basta ocorrer uma mutação que aumente ou diminua o grau de intransigência de um membro para que em poucas gerações a população se divida em poucos líderes e muitos liderados. A velocidade com que essa mudança ocorre depende de dois fatores: primeiro, quão vantajoso para o grupo é a ação conjunta; e, segundo, qual o grau de frustração que o liderado tem que tolerar para seguir o líder. Se uma zebra sempre for morta pelo leão ao não acompanhar o grupo, os genes separatistas dessa zebra serão rapidamente eliminados. O mesmo ocorre com o rapaz que se recusa a ir ao bar aonde vão todas as moças. O interessante é que, nesses modelos, a população rapidamente se divide em dois grupos, e os intermediários, que a cada noite assumem um papel diferente (um dia se comportam como líderes, outro como liderados), ficam em tamanha desvantagem que são eliminados após poucas gerações.

Esses modelos matemáticos demonstram que líderes podem ser selecionados independentemente de sua inteligência, ousadia ou carisma. Basta ser mais turrão que a média da população. É claro que, nas sociedades humanas e em outros animais sociais, as interações são muito mais complexas e diversos outros fatores influenciam a seleção dos líderes. Mas é interessante pensar que talvez essas formas sofisticadas de liderança tenham evoluído a partir de sistemas relativamente simples.

Se por um lado isso explica por que líderes possuem opiniões fortes e muitas vezes são intransigentes, o modelo também ajuda a entender matematicamente por que certos bares, quando na moda, atraem um grande número de pessoas, enquanto é comum encontrar um estabelecimento vazio e mais confortável ao lado.

*Mais informações em: "Evolution of personality differences in leadership".* Proceedings of the National Academy of Sciences of the USA, v. 108, p. 8373, 2011.

# 13. O sexo e a organização da sociedade

Existem dois grupos de seres humanos, homens e mulheres, e a diferença entre eles depende da presença do cromossomo Y no genoma. Quando o Y está presente, nos tornamos homens (XY); quando está ausente, nos tornamos mulheres (XX). A novidade é a descoberta de que um mecanismo semelhante pode controlar a organização social e política dos seres vivos. Se o cromossomo estiver presente, a sociedade é controlada por um único líder; se estiver ausente, o poder é compartilhado entre diversos líderes.

Esse mecanismo foi encontrado na *Solenopsis invicta*, uma formiga conhecida no Brasil como lava-pés. É um bicho cruel, que sobe rapidamente nas pernas do agressor, pica sem dó e provoca muita dor.

Faz anos que cientistas descobriram que somente uma parte dos formigueiros de lava-pés tinha uma única rainha — nos outros, eram várias. Inicialmente se imaginou que essa diferença se devia ao processo de formação do formigueiro, mas logo os cientistas descobriram que essas duas formas de organização social eram determinadas geneticamente.

O gene responsável foi identificado e recebeu o nome de Gp-9. Esse gene existe em duas formas chamadas de B e b, que determinam o comportamento dos súditos da colônia (as formigas operárias).

Quando o operariado é do tipo BB (com duas cópias da forma B do gene Gp-9), a colônia possui uma única rainha. Quando o operariado é do tipo Bb (com uma cópia da forma B e outra da forma b), a colônia possui múltiplos líderes (rainhas).

Nas colônias com uma rainha, as operárias matam qualquer formiga que "queira" se tornar rainha. É o povo defendendo o poder total para um único indivíduo.

O povo Bb tolera e ajuda o desenvolvimento de outras rainhas, permitindo o compartilhamento do poder. Mas essas operárias Bb não são bobas, elas matam qualquer formiga BB, garantindo que suas líderes sejam todas Bb, impedindo a ascensão política do tipo BB. É o povo garantindo o sistema democrático.

O resultado desse comportamento complexo é que a forma B do gene ocorre em ambos os tipos de colônias, mas a forma b só está presente nas colônias com múltiplas rainhas. O equilíbrio entre esses dois tipos de organização social é mantido ao longo do tempo, porque as formigas do tipo bb não são viáveis, morrendo logo no início do desenvolvimento. Por esse motivo, a forma B nunca é extinta e sempre se formam novos formigueiros totalitários.

Recentemente os cientistas descobriram que o gene Gp-9 produz um receptor de odor, mas era difícil de acreditar que uma diferença, em um único receptor de odor, poderia determinar dois tipos de comportamentos tão diferentes e complexos. Agora esse mistério foi elucidado. Na verdade, o gene Gp-9 faz parte de um conjunto de 616 genes que ocupam quase metade de um dos cromossomos dessas formigas. Esse grupo de genes é diferente nos cromossomos B e b, sendo sempre herdado como um grupo, nunca se misturando. Assim, se uma formiga herda um cromossomo B, ela herda toda a coleção "B" desses 616 genes; mas se herda um cromossomo "b" recebe outra coleção dos 616 genes. A conclusão é que B e b são uma espécie de "supergene", um segmento de DNA composto por uma coleção de centenas de genes, herdados em grupo, capaz de determinar dois tipos muito diferentes de comportamento social.

O interessante é que o único outro exemplo de um grupo de genes que determina grandes diferenças morfológicas e comportamentais é o supergene presente no cromossomo Y, responsável por determinar o sexo do indivíduo. Essa é a primeira vez que se descobre um outro supergene, capaz de gerar, dentro de uma espécie, dois grupos de indivíduos com comportamentos muito diferentes.

A conclusão é que o mesmo mecanismo usado por uma infinidade de espécies para determinar se o indivíduo é macho ou fêmea é utilizado por essa espécie de formiga para determinar se o indivíduo é um democrata, que defende colônias com poder compartilhado, ou um adepto e defensor da realeza, que vive em colônias com uma única rainha. Será que supergenes sociais existem em seres humanos?

*Mais informações em: "A Y-like social chromosome causes alternative colony organization in fire ants". Nature, v. 493, p. 664, 2013.*

# Índice remissivo

20-hydroxyecdysona (hormônio), 80

abelhas, 23-4, 68, 321
aberração cromática, 52
acasalamento, 74, 120, 319, 321, 325-7, 329, 338
*Acomys kempi/Acomys percivali* (espécies de ratos), 107
acústica das flores, 91-3; *ver também* flores
*Acyrthosiphon pisum* (pulgão), 85
afeto entre seres humanos, ligações de, 70
África, 61, 67, 107
África do Sul, 28
agressividade, 110-1, 113
agricultura/agricultores, 22-4, 85, 183, 196, 209
água oxigenada, 64-5
água, estratégias de animais para beber, 100-2
aids, 176

aimará, língua, 191
alarme, sinais de, 156-7
Alasca, 114, 116
alcaloides, 126-8
alcoolismo, 73, 75
Alemanha, 148, 220-1
alfabetização, processo de, 293-4
Amazônia, 17, 67
América Central, 126
Andes, 117
anfíbios, 125; *ver também* sapos
Angicos (RN), 123
*Anopheles gambiae* (mosquito da malária), 61-3
antenas de borboletas, 58-60
antibióticos, 77
antidepressivos, 259-61
*Aparasphenodon brunoi* (espécie de sapo), 123-4
aparições e fantasmas, crença em, 276-9
aquecimento global, 15, 18

347

aranhas, 41-2, 44-53, 241, 308-11; saltos de, 47-50; teias de, 41-3
área de Broca, 289-91
Arecibo, radiotelescópio de (Porto Rico), 236
árvores, 15-20, 25, 27, 29, 37, 39, 76-7, 79-81, 92-3, 95, 104, 143, 176, 186, 196, 331; *ver também* florestas
ato sexual, 84, 86, 308-9, 313, 321-2
Austrália, 141, 156, 181, 183
autolimpantes, materiais, 32-3; *ver também* lótus, folhas de
aversão à desigualdade, 211-4
aves, 27, 80-1, 144, 152, 156, 189, 312; *ver também* pássaros

bactérias, 45, 77-8, 85-7
baculovírus, 80-1; *ver também* vírus
baleias, 135-7; *ver também* orca
baratas, 55-7
bebês humanos, 198-200
beija-flores, 152, 159-61
benzoquinona, 64-5
*benzyl cyanide* (molécula), 83-4
besouros, 20, 28-30, 38, 64-6
"Bhagavad Gita" (poema indiano), 31, 33
Bolívia, 191
bonobos, 241, 243
borboletas, 37, 58-60, 82-4, 328-9
Bornéu, 97, 99
borrachudos (mosquitos), 61
Botswana, 104
*Brachinini* (espécie de besouro), 64, 66
Brasil, 28, 106, 117, 154, 221, 343
*Brassica oleracea* (couve-de-bruxelas), 82-3
brócolis, 82
Brosnan, Sarah, 169

brotos de feijão, 82
Buffalo Springs, reserva de (Quênia), 129
bulbo capilar, 44
bússola, 56, 58, 147-8
Butantã, Instituto (São Paulo), 124

caatinga, 123
cabelo, fio de, 41, 44
cães, 39, 55, 101, 103, 108, 110, 169, 175-6, 186, 229, 241-2, 265-6, 284, 336-7
Calábria, montanhas da, 208
Califórnia, 23
camaleões, 110-3
campos magnéticos, detecção animal de, 55-6
camundongos, 107, 124, 176, 259-60, 262-4, 270-71, 336-8; *ver também* ratos
Canadá, 58, 212-3
canibalismo entre animais, sexo e, 308-13
canto dos pássaros, 153-5
Carlinville (EUA), 22-3
carneiros selvagens, 181
carnívoras, plantas, 32, 97-9
cascas de ferida, 108
catalase, 64
caudas de pássaros, tamanhos de, 120-1
cavalos, 101
cegonhas, 206
*Ceratocaryum argenteum* (espécie de árvore), 29
cérebro, 51, 53, 60, 66, 72-5, 81, 94, 96, 153, 162, 171-2, 182, 188, 192-4, 197, 199-201, 203, 215, 226-7, 241, 244, 246, 249-50,

252-4, 256, 260, 262-7, 272-3, 276-9, 281, 284, 288-90, 292-4, 296-7, 299-301, 305-6
*Chamaeleo calyptratus* (espécie de camaleão), 111
Chicago (Illinois), 151
chifres, 110, 120, 123-5, 327
Chile, 191, 271
chimpanzés, 163, 165-7, 170-7, 202, 241, 243, 315, 318; *ver também* macacos
China, 41, 220, 314
chinchilas, 184-7
chupim (pássaro), 28
chuvas, 15, 18, 328
cicatrização de feridas, 109
coaxar dos sapos, 120-2; *ver também* sapos
cobras, 124, 215, 217
cobre, íons de, 72
coelhos, 184-6, 236-7
Colômbia, 220
comunicação entre vegetais e insetos, 82-4
confiança de chimpanzés, 165-7
consolidação da memória, 252-5
cor dos camaleões, mudança de cor, 111-3
"corda de segurança" (de aranhas saltadoras), 47-50
cortejadores, 327-9
córtex cerebral, 171, 277, 289
corvos, 141-3
*Corythomantis greeningi* (espécie de sapo), 123-4
couve-de-bruxelas, 82-4
CR2 (ChR2-mCherry), gene, 263-4
crianças, campo visual das, 195-7
cromossomos, 324-5, 345
Cuba, 92-3
Cultura AM (rádio), 56-7
cupins, 71-2
curiosidade humana, 198-200
curvas do guepardo, 103-5

Darwin, Charles, 19, 110, 120, 182, 184, 186-7, 228, 314, 327
Dawkins, Richard, 79
Deaton, Angus, 204-6
dengue, 61
dependência de drogas, 73
desejo sexual, 305-7
desonestidade em testes corporativos, 222-4
dinheiro e felicidade, relação entre, 204-6
dinossauros, 67, 118, 193
DNA, 118, 236-7, 263, 266-7, 319, 331, 334, 345
*Dolomedes tenebrosus* (espécie de aranha), 311-2
domesticação de plantas e animais, 181-3, 196
Dox (doxiciclina), 263-4
dragões barbados (espécie de réptil), 324
drogas/medicamentos, 61, 73, 75, 175-6, 254, 257-8, 271
*Drosophila melanogaster* (mosca-das-frutas), 62-3, 73, 75

ecologistas, 20
ecossistemas, 17-8, 24, 67, 78, 182
educação infantil, 201
egoísmo *versus* generosidade, 215-8
EGT (gene), 80-1
elefantes, 101, 129-31
embolia, 16-8; *ver também* xilema, dutos do

enzimas, 32, 64-5, 72, 80, 98
escorregador de insetos (em plantas carnívoras), 32-3
Espanha, 16, 220
espelho, macacos no, 162-4
espermatozoides, 84, 86, 91, 97, 127, 308-9, 313, 321-4
Espírito Santo, estado do, 123
esporos de musgos, 68-9
esqueletos humanos ancestrais, 207-8
Estados Unidos, 22, 58, 101, 107, 133, 136, 151, 205, 213
estômatos, 16
etanol, 74
*Euterpe edulis* (palmeira juçara), 25-7
evaporação, 16
"explosivo" azul de cupins, 71-2

faces, leitura e reconhecimento de, 292-4
fecundação, 202, 309, 324-5
felicidade e dinheiro, relação entre, 204-6
felinos, 101, 105; *ver também* gatos
fêmeas, competição entre, 314-7
fenótipo estendido, 79, 81
feromônio, 338
ferramentas, animais utilizando, 141-3
ferro, cristais de, 56-7
fezes, 25, 28-30, 98-9, 127, 181, 305-6
fibras sintéticas, 43, 46
*Ficus sycomorus* (figueira africana), 330
fidelidade conjugal, 333-5
figueiras, 330-2
filogenia, 202
flores, 22, 68, 91-3, 97-8, 330-1
floresta amazônica, 17, 117-8
florestas, 13, 15-22, 24-5, 47, 67, 71, 76, 81, 92-3, 97, 99, 126, 195; *ver também* árvores
Flórida, 133
Fluorinert, 33
fluoxetina (Prozac), 259-60
fofoca, 225-7, 314, 317
folículos capilares, 108
formigas, 67, 70-1, 318, 321, 344-5
fotossíntese, 16, 77
frangos, 182
Freud, Sigmund, 285, 288, 302
frutas, 19, 23, 39, 68, 94, 166, 173
futebol, chimpanzés e, 171-4

gaiolas de Faraday, 148-9
gametas, 91-2
gansos, 188-90
gatos, 100-2, 151, 186, 305-7
"gaveta", conceito de (de corvos), 141-3
generosidade *versus* egoísmo, 215-8
genética/genes, 62, 75, 79, 81, 132, 135-7, 144, 263, 309, 312, 321, 324-5, 327, 333-5, 342, 344-5
genomas, 62, 80-1, 86, 118, 318, 343
germinação, taxa de, 19-20; *ver também* sementes
girinos, 127-8
Goytacazes, reserva de (ES), 123
Gp-9 (gene), 344
grilos, 279, 298, 312-3, 318-9
*Gryllus campestris* (espécie de grilo), 319
guepardos, 103-5
guerra entre os sexos, 340-2
Guianas, 117

habituação, processo de, 272-4
Hamilton, W. D., 135, 334

*Hamiltonella defensa* (espécie de bactéria), 86-7
*Hasarius adansoni* (espécie de aranha), 48, 51
Helsinque, 259
hematófagos, insetos, 61-3
hibernação dos ursos, 114-6
hidrocarbonetos, 33
hidrogênio, íons de, 45
hidroquinona, 64
Himalaia, 189
hipocampo, 270-1
hipotálamo, 253-5, 262, 270
Holanda, 206
*Homo sapiens*, 11, 27, 38, 67, 70, 168, 175, 182, 195, 201, 292, 311, 326-8; *ver também* seres humanos
honestidade intrínseca, 219-21
hormônios, 73-5, 77, 80-2, 228, 252-5

Idade da Pedra, 196
idosos, animais, 70-2, 129, 177
IGF-II (*insulin-like growth fator II*), hormônio, 253
Illinois (EUA), 151
imaginação, exercícios de, 272-5
"imperialismo" dos seres vivos, 67-8
inconsciente, o, 296-7, 301
Índia, 189, 212-3
Inglaterra, 144, 236
inglesa, língua, 245
injustiça, macacos com aversão à, 168-70
inovação em aves, 144-6
inseticidas, 23, 61
insetos, 22-4, 32, 35, 53, 55, 59, 61, 63, 71, 76, 82, 91-3, 97-9, 123, 127, 133, 142, 145, 156, 181, 228-9, 311, 321-2, 330

Instituto de Biologia Ártica (Fairbanks, Alasca), 114
inverno, 76, 114-6, 206, 319
Itália, 208, 220
janelas de vidro, pássaros morrendo em, 150-2

Japão, 284
jararaca, 123-4, 215
Jared, Carlos, 124
jet lag, 59
Jiang, Lei, 41
juçara, palmeira (*Euterpe edulis*), 25-7

Kahneman, Daniel, 204-6, 216
*Kerivoula hardwickii* (espécie de morcego), 98
Krytox, 33

lã, ovelhas e produção de, 181-2
Laboratório de Ciências Moleculares da Academia de Ciências da China, 41
lagartas, 76, 79-80
lagartixas, 106-7
lágrimas femininas, 228-31
larvas, 28, 76-8, 80-3, 86-7, 142, 145-6, 328
lava-pés (espécie de formiga), 343
leitura de mentes, 280-2
liberdade de decidir, 299-302
liderança hereditária dos elefantes, 129-31
líderes, origem dos, 340-2
linguagem humana, transmissão cultural da, 153-4
linguagem, cérebro e, 289-91
lótus, folhas de, 31-3
luz solar, 58-9

*Lymantria dispar* (espécie de mariposa), 79

M9 (esqueleto neolítico), 208-9
*Macaca mulatta* (espécie de macaco), 163
macacos, 11, 51, 118, 139, 146, 162-4, 166-70, 219, 225, 228, 243, 294, 314-5; *ver também* chimpanzés
macarrão, máquina de fazer, 45
machos, competição entre, 312, 314, 320-3
malária, 61, 68
mamíferos, 29, 51, 53, 75-6, 91, 107, 169, 229, 312, 322, 337
Man Bac (cemitério neolítico no Vietnã), 208-9
manipulação entre espécies, 28-30, 76-81
marcas olfativas, 336-7
*Marcgravia evenia* (espécie de planta), 92
marfim, extração de, 129
margaridas, 91-2
mariposas, 76-80
Marrocos, 220
mecanismos de compensação, 73-5
mel, 23
memória falsa, 262-4, 268
memória, manipulando a, 265-8
memórias da primeira infância, perda das, 269-71
memórias, como remover, 256-61
memorização e recursos mnemônicos, 244-55
menopausa das orcas, 132-4, 136
mesolítica, época, 208
México, 58, 67, 213
migração de pássaros, 148, 189
milho, 67, 182, 186

Minas Gerais, 26
MIT (The Massachusetts Institute of Technology), 101, 262
modelo mental do corpo, 277-8
Mongólia, 189
morcegos, 91-9, 121-2
moscas, 62-3, 73-5, 309
mosquitos, 32, 61-3, 68
musgos, 67-9

Namíbia, 331
néctar, 23, 91, 97, 159-61, 330, 332
*Neocapritermes taracua* (espécie de cupim), 71
neotenia, 201, 203
*Nepenthes hemsleyana* (planta carnívora), 32, 97-9
neurônios, 62, 252-3, 259, 261-4, 269-71, 284, 306
neuropeptídio F (NPF), 74-5
ninhos, 145, 325
Norte magnético, 56
Nova Caledônia (Austrália), 141-3
Nova York, 259

*Octodon degus* (espécie de roedor), 271
*Ocyphaps lophotes* (espécie de pombo), 156-7
olfato, 55, 61-2, 229, 286, 337
oliveiras na Espanha, 16
ontogenia, 202
*Oophaga pumilio* (espécie de sapo), 126-8
orangotangos, 163, 241, 243
orcas, 132-4, 136; *ver também* baleias
organização da sociedade, sexo e, 343-5
órgãos sexuais, flores como, 82, 91
orquídeas, 91

orvalho, 41
outono, 58, 77, 114
ovelhas, 101, 181-3
ovos, 28-30, 77, 83-4, 86, 127-8, 135, 145, 182, 219, 319, 324-5, 330, 333, 335
óvulos, 86, 91-2, 97, 201, 321, 323, 330-1

Pacífico, ilhas do, 154
paleontologia/paleontólogos, 207-8
palmito, 25-7
Panamá, 121
Papua-Nova Guiné, 192
Paraná, 26
parasitas, 61, 68, 86, 183, 225, 307
*Parus major* (espécie de passarinho), 144
pássaros, 19-21, 25-8, 38-9, 56, 68, 80, 120-1, 139, 142, 144, 145-52, 154-9, 162, 175, 185, 189-90, 196, 334-5; *ver também* aves
pavões, 120, 314, 327
peixes, 162, 340
pele de ratos, troca de, 106-9
pênis e dedos, razão entre comprimento de, 232-5
pericarpo, 20
pernilongos, 61
peroxidase, 64
Peru, 191, 213
pesquisas com chimpanzés, 175-7
pH (grau de acidez), 45-6
*Phyllonorycter blancardella* (espécie de mariposa), 76
*Physalaemus pustulosus* (espécie de sapo), 121
*Pieris brassicae* (espécie de borboleta), 82-3

pigidiais, glândulas (besouros *Brachinini*), 64-6
*Pisaura mirabilis* (espécie de aranha), 309
placas de Petri, 56, 337
plantas, 13, 15, 19, 22-5, 68, 78, 91-3, 97, 99, 118, 182, 186, 209, 330
plumagem de aves, 120, 196
*Pogona vitticeps* (espécie de réptil), 324
polinização/polinizadores, 22-4, 68, 91-2, 97, 330-1
*polyfluoroalkyl silane*, 33
pombos, 156-7
porcos, 175-6
porquinhos-da-índia, 271
Porto Rico, 236
presença, sensação de, 276-9
pressão negativa, 15-7
primavera, 111, 206
proteínas, 44-6, 59, 72, 253, 306
pulgões, 85-7
pupas, 80, 328
pureza espiritual, lótus como símbolo de, 31

Quênia, 107-8, 129, 166, 245

rabo da lagartixa, 106-7
radar das "seringas voadoras" (insetos hematófagos), 61-3
rádio, ondas e sinais de, 55-7, 103, 115, 147, 149, 189
radiotelescópio, 236-7
raposas, 337
ratos, 29, 106-9, 176, 185, 253-4, 257, 263, 265-7, 292, 305-7, 314; *ver também* camundongos
r-darcin (feromônio), 338

regeneração dos répteis, processo de, 106-7
relógio biológico das borboletas, 58-60
répteis, 106-7, 111, 324-6
República Tcheca, 56
Revolução Industrial, 196
Rio de Janeiro, 26
Rio Grande do Norte, 123-4
Robertson, Charles, 22
Rock Island (Illinois), 151
roedores, 29, 175, 271
rola-bosta (besouro), 28
Romito 2 (anão da época paleolítica), 208
rosas, 91
Royal Society de Londres, 314
ruído eletromagnético, 147-9
Ryle, Martin, 236-7

salmão, 133-4
Salto Ángel, cachoeira (Venezuela), 118
Samburu, reserva de (Quênia), 129
São Paulo, cidade de, 40, 156, 339
São Paulo, interior do estado de, 26
sapos, 117-28
seleção natural, 27, 66, 86, 122, 132, 181-2, 195, 202
seleção sexual, 120, 327, 329
sementes, 19-20, 23, 25-30, 68, 156, 182, 331
semidesertos, 17
senso humano de justiça e injustiça, 168-70, 211
Serengueti, planícies do (Tanzânia), 19
seres humanos, 28, 40, 73, 75, 91, 100, 107-11, 118, 131, 135, 149, 152-4, 163, 165, 167, 170, 172, 184-5, 195, 221, 225, 237, 241, 255, 259, 261, 271, 276, 280-2, 289, 300, 305, 307, 310, 336, 338, 343, 345; ver também Homo sapiens
Shanidar 1 (esqueleto de um neandertal), 207
síndrome de Klippel-Feil, 209
sistema nervoso, 171, 203, 258-9
*Solenopsis invicta* (espécie de formiga), 343
solidariedade humana, 207-8
solo, 15-8, 20, 25-6, 29, 48, 76, 98, 117, 142, 266
sonar dos morcegos, 92-9
sonhos, leitura computadorizada de, 283-5
sono, estágios do, 283
*spidroina* (proteína dos fios de aranha), 45-6
suaíli, língua, 245-6

*Taeniopygia guttata* (pássaro australiano *zebra finch*), 154
Tanzânia, 19, 221, 245, 318
taturanas, 37-8
tecnologia, 46, 53, 66, 109, 144, 146, 182-3, 189, 261, 268, 285, 318, 320
Teflon, 32
temperatura, relação entre hibernação e, 115-6
tempo, perspectivas culturais do, 191-4
tensão superficial, 43, 160
teoria da mente (*Theory of Mind* — ToM), 241-3
tepuis (montanhas), 117-9
ToM *ver* teoria da mente (*Theory of Mind* — ToM)
*Toxoplasma gondii* (parasita), 305-7
traumas psicológicos, 259

*Trichogramma brassicae* (espécie de vespa), 83
"troca de favores" entre seres vivos, 85-7
tucanos, 25-7

Ugab, rio (Namíbia), 331
Uganda, 172, 213, 245
*Uloborus walckenaerius* (espécie de aranha), 41
Universidade de Brasília, 293
Universidade de Oldemburgo, 148
Universidade de Princeton, 101
urina, marca olfativa do cheiro de, 336-8
ursos, 114-6
*Ursus americanus* (ursos-negros), 114

vacas, 101, 182, 184-6
veados, 120, 327
vegetais, comunicação química dos, 82-4
velocidade do guepardo, 103
veneno de jararaca, 124
venenoso, chifre (de sapos), 123-5
Venezuela, 117-8
verão, 59, 76, 206, 319
vespas, 82-7, 330-2
vida extraterrestre, possibilidade de, 236-8
vida sexual dos grilos, 318-20
Vietnã, 208
vírus, 61, 79-81, 85-7, 270
visão 3-D das aranhas, 51-4
vontade consciente, ilusão da, 295-8

Waal, Frans de, 168-9
Wilson, Edward O., 70, 318
Wytham Woods (Inglaterra), 144

xilema, dutos do, 15-8

*yupno*, povo, 192

1ª EDIÇÃO [2018] 1 reimpressão

ESTA OBRA FOI COMPOSTA EM MINION PELO ESTÚDIO O.L.M. / FLAVIO PERALTA
E IMPRESSA EM OFSETE PELA GEOGRÁFICA SOBRE PAPEL PÓLEN SOFT DA
SUZANO S.A. PARA A EDITORA SCHWARCZ EM NOVEMBRO DE 2019

A marca FSC® é a garantia de que a madeira utilizada na fabricação do papel deste livro provém de florestas que foram gerenciadas de maneira ambientalmente correta, socialmente justa e economicamente viável, além de outras fontes de origem controlada.